U0307284

致密油气藏产能评价方法研究与应用

赵　蒙　程敏华　曹　安　李　兵　张连群　等著

石油工业出版社

内 容 提 要

本书以渗流理论为基础，从致密油气藏储层特征出发，研究了致密油气藏的渗流机理，包括滑脱效应、毛细管力与渗透率的关系、应力敏感性和非线性渗流特征等，并总结了目前致密油气藏的开发特征以及常用的开发技术方法；回顾了现代产量递减分析方法（产量不稳定分析），即 Arps、Fetkovich-Arp、Blasingame、Agarwal-Gardner、幂律指数法等各种产量递减分析方法的基本原理；同时基于致密气藏生产数据分析，总结了生产数据诊断和分析中的常见问题和挑战，给出了诊断分析原则，并提出了一个综合的诊断分析方法及分析流程。本书的出版对致密油气藏区块开发部署、气井产能评价具有重要的指导意义。

本书主要包括致密油气藏 Arps、Fetkovich-Arp、Blasingame、Agarwal-Gardner、幂律指数法等各种产量递减分析方法，以及生产数据诊断和分析中的常见问题和挑战，给出了诊断分析原则，并提出了相关的诊断分析方法及分析流程。以常规递减油气井分析方法为理论背景，理论联系实际，致密油气藏渗流理论基础之上，充分结合致密油气井生产规律，开展产量递减分析研究。本书的出版对致密油气藏区块开发部署、气井产能评价具有重要的指导意义。

本书适合从事油气勘探的科研人员及院校相关专业师生参考。

图书在版编目（CIP）数据

致密油气藏产能评价方法研究与应用 / 赵蒙等著 .
—北京：石油工业出版社，2023.5
ISBN 978-7-5183-5955-4

Ⅰ. ①致…　Ⅱ. ①赵…　Ⅲ. ①致密砂岩 – 砂岩油气藏 – 油藏评价　Ⅳ. ① P618.13

中国国家版本馆 CIP 数据核字（2023）第 051829 号

责任编辑：刘俊妍
责任校对：刘晓雪
装帧设计：周　彦

出版发行：石油工业出版社
　　　　　（北京安定门外安华里 2 区 1 号楼　100011）
　　　　　网　　址：www.petropub.com
　　　　　编辑部：（010）64523707
　　　　　图书营销中心：（010）64523633
经　　销：全国新华书店
印　　刷：北京中石油彩色印刷有限责任公司

2023 年 5 月第 1 版　2023 年 5 月第 1 次印刷
787×1092 毫米　开本：1/16　印张：7.25
字数：175 千字

定价：100.00 元

前言
Preface

对于油藏工程师来说，分析油气井的产量变化规律是其面临的核心问题之一。在开采过程中，油气藏随着储层的能量不断消耗，其产量是以某种规律进行递减的，而油气井的产能分析就是试图寻找这一规律，利用不稳定渗流理论建立无量纲曲线图版来研究油气井的生产数据，从而得到储层物性评价和井的工作状况。

在中国致密油气藏资源量也尤为可观。目前随着人工改造技术的蓬勃发展，致密油气藏开发如火如荼，其产能评价方法研究已是油气藏工程的热点话题之一。其中，油气井的产量变化规律是其面临的核心问题之一。由于较常规油气藏，致密油油气藏具有低孔低渗透、非达西流动、启动压力梯度、应力敏感等渗流现象。因此，致密油气井常规的油气井的产量变化规律有所不同。

本书从理论基础出发，从致密油气藏储层特征出发，研究了致密油气藏的渗流机理，包括滑脱效应、毛细管力与渗透率的关系、应力敏感性和非线性渗流特征等，并总结了目前致密油气藏的开发特征及常用的开发技术方法；回顾了现代产量递减分析方法（生产数据分析或产量不稳地分析），即 Arps、Fetkovich-Arp、Blasingame、Agarwal-Gardner、幂律指数法等各种产量递减分析方法的基本原理。基于致密气藏生产数据分析，总结了生产数据诊断和分析中的常见问题和挑战，给出了诊断分析原则，并提出了一系列综合的诊断分析方法及分析流程。

本书在回顾现代产量递减分析方法（生产数据分析或产量不稳地分析）基础之上，即 Arps、Fetkovich-Arp、Blasingame、Agarwal-Gardner、幂律指数法等各种产量递减分析方法的基本原理，基于致密油气藏的渗流机理及生产规律，通过分析致密气藏生产规律，总结了生产数据诊断和分析中的常见问题和挑战，给出了诊断分析原则，并提出了一系列综合的诊断分析方法及分析流程。

在书稿完成之际，十分感谢中国地质大学（北京）王晓冬教授、刘鹏程教授给予的指导和帮助。感谢中国石油勘探开发研究院油田开发研究所曲德斌教授、气田开发研究所王军磊高级工程师在本书编写的过程中提供的有益帮助；感谢中国地质大学（北京）邱婷婷博士在本书编辑及文字校对工作中给予的帮助。

由于笔者水平有限，书中难免有表达不当之处，敬请读者给予批评指正。

2022 年 8 月 24 日

目录
Contnens

第1章 绪 论

近来,非常规油气引起了全世界的关注,随着人工改造技术的革新,致密油气实现商业开发。由于其赋存于低孔、低渗透的致密砂岩中,故用常规勘探开发技术很难有效开发。我国的四川、渤海湾等盆地已在致密砂岩领域获得巨量天然气探明储量,仅30%的储量已开发动用。随着我国天然气工业的发展,致密砂岩气藏开发的领域和规模都将迅速扩大。另外,我国在鄂尔多斯盆地长7致密油储层开展了两口水平井同时压裂的先导性实验,并且在四川盆地、吉林油田都发现了大规模的致密油储量,有着巨大的开采潜能。因此,致密砂岩油气藏开发动态评价技术的研究具有十分重要的现实意义。

根据我国天然气分类标准,有效渗透率不大于0.1mD(绝对渗透率不大于1mD)、孔隙度不大于10%的气藏为致密气藏。实际上,致密气藏的定义应当根据许多物理和经济因素来决定。物理因素与达西定律有关,因此,选择单一渗透率值来定义一个致密气藏的意义并不大。在埋藏较深、储层厚度大、压力高的气藏中,只要当地层渗透率在微达西数量级(即0.001mD),就能获得有经济价值的产量。埋藏较浅、储层厚度小、压力低的油气藏中,即使在成功的压裂之后,要想获得有经济价值的产量,也要求渗透率在几毫达西以上。

在现有的技术能力和技术水平条件下,致密气藏的开发技术主要依靠常规气藏技术,没有发展成套的针对致密气藏本身特点的配套技术。目前,对于致密砂岩油气藏的生产动态分析,主要是应用一些常规分析方法如物质平衡方法、Arps产量递减分析方法、产量不稳态分析方法(RTA)。由于致密砂岩油气藏的渗流机理及开发规律都不同于常规气藏开发,如非线性渗流特征、气藏物性参数的不确定性等,种种影响因素都导致使用常规的生产动态分析方法来评价致密砂岩油气藏会产生较大的误差。因此,探索出一套适用于致密砂岩油气藏的生产动态分析方法显得尤为重要。

1.1 致密油气藏定义

致密油藏定义:储集在覆压基质渗透率小于或等于0.1mD(空气渗透率中值小于或等于1mD)的石油,或非稠油类流度小于或等于0.1mD/(mPa·s),其单井生产一般无自然产能或自然产能低于商业石油产量下限,需要采取压裂、水平井、多分支井等特殊技术后获得工业性产量的致密砂岩、致密碳酸盐岩油藏中的石油。

气藏目前分为常规天然气藏和非常规天然气藏,其中非常规天然气藏包括致密气、煤层气和页岩气,以及天然气水合物,发展过程如图1-1所示。

就致密气定义来讲,世界上无统一标准和界限,不同的国家根据不同时期的资源状况、技术经济条件、税收政策来制定其标准和界限,且在同一国家、同一地区,随着认识程度的提高，致密气的概念也在不断地更新。

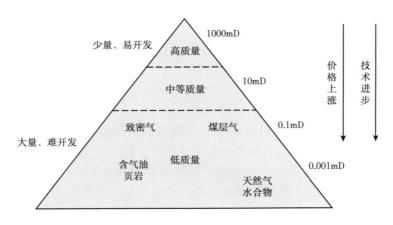

图 1-1　天然气资源开发三角图

20 世纪 70 年代，美国联邦能源管理委员会将储层渗透率小于 0.1mD 的气藏（不包含裂缝）定义为致密气藏，并以此作为是否给予生产商税收补贴的标准，1973 年，美国能源部对可进行工业开采的致密含气层标准作了如下界定：

（1）用常规手段不能进行工业性开采，无法获得工业规模可采储量；

（2）含气砂层的有效厚度下限为 30.48m，含水饱和度低于 65%，孔隙度 5%~15%；

（3）目的层埋深 1500~4500m；

（4）产层总厚度中至少有 15% 为有效厚度；

（5）可供勘探面积不少于 31km²；

（6）位于边远地区（当时考虑到要使用核爆炸压裂法，因此要远离居民稠密区）；

（7）产气砂岩不与高渗透的含水层互层。

Stephen A. Holditch（2006）认为，致密气藏是指需经大型水力压裂改造措施，或者是采用水平井、多分支井，才能产出工业气流的气藏，储层渗透率一般为 0.0001~0.1mD，按渗透率分类如图 1-2 所示。

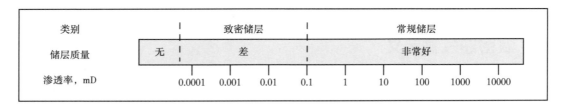

图 1-2　气藏按渗透率分类图（据 Stephen A. Holditch, 2006）

目前，国内气藏分类标准以渗透率作为评价指标分类时，主要划分为高渗、中渗、低渗透和致密四类，见表 1-1，致密气藏储层有效渗透率不大于 0.1mD。

致密气藏定义为：覆压基质渗透率小于或等于 0.1mD 的砂岩气层，单井一般无自然产能或自然产能低于工业气流下限，但在一定经济条件和技术措施下可以获得工业天然气产量。通常情况下，这些措施包括压裂、水平井、多分支井等。

表 1-1 气藏按储层物性的划分

类别	高渗气藏	中渗气藏	低渗透气藏	致密气藏
有效渗透率，mD	> 50.0	5.0~50.0	0.1~5.0	≤ 0.1
类别	高孔气藏	中孔气藏	低孔气藏	特低孔气藏
孔隙度，%	> 20	10~20	5~10	≤ 5

1.2 致密油气藏渗流机理研究现状

对致密油气藏渗流机理的相关研究在国内外文献中都鲜有报道。但是低渗透储层渗流机理的研究一直是渗流力学界的热点话题之一。目前主要的渗透机理研究包括非达西渗流、启动压力梯度、应力敏感等。

吴景春等（1999）通过对天然岩心低速注入模拟油和低浓度盐水，验证了非达西流效应。分析得出固液之间的表面作用、流体流变性、地层应力敏感性及多孔介质的孔喉狭窄特征是产生非达西流的原因。杨琼（2004）进行了室内实验，测量注入不同流量流体后，岩石的启动压力变化，证明了原油边界层理论的说法，并取得了与数值模拟相吻合的实验结果。熊伟（2009）通过实验的方法，对实际低渗透油藏岩心的拟启动压力梯度进行了影响因素分析。结果表明，介质的孔喉特征和介质与流体之间的固液作用是拟启动压力梯度的成因，应用边界层理论可以对实验现象进行很好的解释。孙黎娟等（1998）进行了室内实验，回归启动压力梯度与渗透率数学关系式，由于存在附加阻力（G_0），当压差低于启动压力时，流体不发生流动，据此来对井网部署时井网井距进行优化。随后，李忠兴等（2004）、唐伏平等（2007）和汪亚蓉等（2009）用相似的方法，分别回归出不同油田的启动压力梯度公式，用以确定出合理的注采井距。阮敏（1999）根据一种新蒙特卡洛的方法，当渗流由达西流向非达西流过渡的过程中，测定临界参数，由此提出了用临界参数进行流动过程的判别，通过这种方法可以快速判定在低渗透储层中的流体渗流形态。邓英尔等（2006）据实验分析结果，建立了新的非线性流动的数学模型，在低渗透储层非达西流方程中考虑该连续函数，解决了原来模型不能求得解析解的缺陷。黄爽英等（2001）建立了新的物质平衡方程，在模型中考虑了非达西渗流，并据此计算了注采井网的见水时间，并用现场实际生产数据验证了数学模型的准确性，并得出结论 G_0 越大见水时间越长。吕成远等（2002）在试验中应用毛细管平衡方法，通过数据回归得到 G_0 与渗透率的幂函数数学关系表达式。

针对致密油藏出现的应力敏感现象，目前主要利用压敏试验进行研究。赵明跃等（2001）通过实验验证了压力变化会引起岩石物性的相应变化，且渗透率的变化过程是不可逆的，与净有效覆压呈指数关系递减。秦积舜和张新红（2001）在不同围压条件下测定低渗透岩样的渗透率，回归得到渗透率与压力的线性组合公式，针对近井筒周围压力变化较大的情况，建立压敏条件下的一维两相径向流模型，用来分析油井的 IPR 曲线。阮敏（1999）通过实验分析了压敏效应对低渗透油田开发效果的影响，压敏效应损失了井筒附近的地层渗透率和部分油井产能，可使井壁处的渗透率和油井产能分别降低 55% 和 13%。郝明强等（2006）通过实验对比了低渗透岩心在无裂缝和具有水平裂缝两种情况下，有效上覆压力对其渗透率的影响，结果表明有水平裂缝的岩心具有更强的应力敏感性。

在低渗透气藏的实验研究中一般包含有致密气藏的岩心实验。这些实验研究分析认为，低渗透岩心中气体的渗流特征与低渗透岩心的渗透率、含水饱和度及压力梯度的大小有关。任晓娟（1997）等的实验研究认为，在含水饱和度较低的情况下，气体的流动可以划分为三个区，即受滑脱效应影响的非达西渗流区、达西渗流区及气体高速紊流区。随着压力二次方梯度的增加，气体的渗流从受"滑脱效应"影响的非达西渗流区转变到达西渗流区，又逐渐过渡至气体高速紊流区。当含水饱和度较高时，水作为润湿相占据了较多细小的喉道，造成敏感效应的存在，结果使得气体的流动能力下降，气体的渗流规律发生了变化。在这时，气体的渗流分为两个区，即非线性区和线性区。但他们没有指出高饱和度下的启动压力特征。吴凡等（2001）研究认为气体的滑脱现象是有条件的，在气体渗流速度很低时，存在启动压力特征。Wei 等（1986）对滑脱现象作出了解释，并推导了滑脱系数与压力的关系方程。

低渗透储层中流体渗流的数学模型的建立和发展也是分别从"滑脱效应"和"启动压力梯度特征"两个不同的方面进行的。对于考虑滑脱效应的渗流模型，葛家理（1982）在其论著中讨论了考虑滑脱效应的运动方程；Turgya 等（1968）建立了考虑滑脱效应的渗流模型，并对滑脱系数进行了详细的讨论；吴小庆（1999）研究了低渗透气藏考虑滑脱效应的非线性微分方程的适定性，并证明了拟解的存在性；李铁军和吴小庆（1999）对考虑滑脱效应的数学模型提出了一种数值解法。对于考虑启动压力梯度的渗流模型，冯文光和葛家理（1985）对单一介质、双重介质的数学模型在 Laplace 空间运用格林函数法求得了相应的解，用有限积分变换与 Laplace 变换求得了其在有界地层的解；冯文光（1986）分析了影响天然气非达西低速渗流的各种因素，建立了一个理想气体、真实气体考虑启动压力梯度的数学模型，并在 Laplace 空间上进行了求解，得到了长时渐近解；李凡华和刘慈群（1997）提出了基于动边界的一种渗流数学模型，并且用数值方法求得了无限大有界储层的典型曲线，并分析了其特征；冯曦和钟孚勋（1997）在考虑动边界的情况下，建立了基于低速非达西渗流规律的固定边界试井模型，并用幂级数法求得模型的解析解，在计算压力降落试井标准曲线时，根据流体从静止到流动所需要的启动压差确定不同时刻对应的流动区域半径，再用固定边界模型解析解计算井底压力与时间的对应关系，以此作为动边界模型试井曲线的一种数值逼近；贾永禄等（2000）统一了油井、气井的分析方程；阮敏和何秋轩（1999）研究了非线性渗流规律中临界点参数的确定方法，并通过研究启动压力梯度与渗透率和原油黏度的关系，提出了低渗透储层是否出现启动压力梯度现象的简明判据；向开理等（2001）用分形油藏的方法研究了具有启动压力梯度的非达西渗流问题；程时清等（2002）研究了低渗透油藏低速非达西渗流的动边界问题，给出了高精度的积分解，分析了启动压力梯度对压力分布的影响，发现启动压力梯度越大，井底附近压力下降越快，动边界传播越慢。郝斐等（2006）讨论了考虑启动压力梯度的不稳定渗流数学模型，计算得到动边界在不同时刻的运动规律，分别利用近似解法和解析解法研究了定产生产时的储层压力分布特征和井底压力变化规律。杨正明等（2010）对特低渗透多孔介质中非线性渗流规律进行深入研究，建立了特低渗透油藏非线性渗流数值模拟的数学模型，认为考虑非线性渗流比以往只考虑线性渗流及考虑拟启动压力梯度的方法更

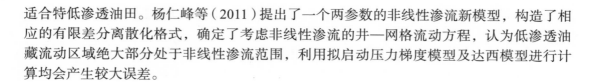

适合特低渗透油田。杨仁峰等（2011）提出了一个两参数的非线性渗流新模型，构造了相应的有限差分离散化格式，确定了考虑非线性渗流的井—网格流动方程，认为低渗透油藏流动区域绝大部分处于非线性渗流范围，利用拟启动压力梯度模型及达西模型进行计算均会产生较大误差。

1.3 气藏生产数据分析方法研究现状

气藏生产数据分析方法目前已广泛地应用于常规气藏的动态分析，它可以诊断气藏模型、评价气藏特征和估算井或者气藏的一些重要参数。对于非常规气藏，如致密气藏，目前的生产数据诊断与分析方法可能不太适用。但是可以相信，调研现有的常规气藏的生产数据分析方法有助于探讨非常规气藏生产数据的合理分析方法。

总结目前的生产数据分析方法，分为三类：
（1）经验、半解析和解析的生产数据分析方法；
（2）产量递减典型曲线分析方法；
（3）生产数据诊断方法。

1.3.1 经验、半解析和解析的生产数据分析方法

早在 1918 年，仅用产量—时间数据来估算储量就已经用于工业实践。Lewis 和 Beal（1918）提出了用外推法预测油井未来生产。Culter（1924），Johnson 和 Bollens（1927），Arps（1945）的研究首先系统地尝试产量—时间数据递减规律分析，具有代表性意义的结果是 Arps 提出的产量递减经验方程，它将产量递减规律用指数型、双曲型及调和型三种典型曲线表示出来，参数意义明确、形式简单、效果较好而且便于应用，为广大工程师们所接受。Camacho 和 Raghavan（1989）给出了气驱气藏边界控制流的理论推导。Mattar 和 McNeil（1998）提出了物质平衡和拟稳态流理论，并给出了以单井为基础的生产数据分析解释方法。Li 等（2005）探讨了几个较为普遍的生产分析关系式的理论基础。

Ansah 等（2000）提出了气体渗流的线性化方法，并给出了确定气藏衰竭开采时气井产量和累计产量的半解析、直接结果。Blasingame 和 Rushing（2005）提出了一个简单的历史方法用于生产分析，导出了一些常见方程的理论基础（如 Arps 指数和调和递减关系式，气体渗流的半解析结果）。Johnson 等（2009）提出了一种仅用产量—时间数据就可直接估算储量的综合性方法。Ilk 等（2009）给出了高温高压气井产量和时间的半解析式。

1.3.2 产量递减典型曲线分析方法

Fetkovich（1980）首先发表了有关采用典型曲线拟合方法进行产量递减曲线分析的研究论文，针对圆形封闭储层给出了经过归一化的无量纲化产量递减联合图版。该图版的前半部分是归一化的普通产量递减曲线簇，而后半部分是无量纲的 Arps 产量递减曲线。Carter（1985）在气体渗流中考虑了气体物性随压力变化的因素，提出了一种改进的 Fetkovich 典型递减曲线图版。Fraim 和 Wattenbarger（1987）提出了把时间与气体物性参数整合在一起来计算边界控制流的典型曲线。Palacio 和 Blasingame（1993）（气井），Doublet 等（1994）（油井），Marhaendrajana 和 Blasingame（2001）（复合井的油气藏系统），

Prakikno 等（2003）（水力压裂井）给出了变流量变井底压力情况下的曲线图版及其分析的理论基础。

Agarwal 等（1999）把这些变流量、变流压方法都扩展到压裂井情况。Araya 和 Ozkan 针对直井、压裂井和水平井的典型递减曲线分析应用提出了重要的观点。Camacho 等（2005）讨论了典型递减曲线分析方法在多种天然裂缝性储层情况下的应用。Amini 等（2007）给出了球形边界模型的推导以及球形储层中心一口水力压裂井系统的典型递减曲线图版。Ilk 等（2007a，b；2009）应用球形流典型曲线对致密气藏中的各种水力压裂井进行了生产数据分析。

1.3.3　生产数据诊断方法

国内外有关生产数据诊断方法的文献鲜见发表，而相反，有关不稳定压力测试数据诊断分析的论述就很多。这是因为人们常认为不稳定压力测试数据具有"高频、高分辨率"特征，对于一个特定的井或油气藏情况可以得出唯一的特征参数。而生产数据则被认为是"低频、低分辨率"数据，更有一些人笑称生产数据诊断分析为"云分析"。其实，与其说生产数据诊断分析是科学不如说是艺术。

Mattar 和 Anderson 提出了用典型曲线图版进行生产数据诊断的思路和实例。Kabir 和 Izgec（2006）给出了压力—流量数据的诊断分析思路，不过重点在描述储层的生产机理。Bondar 总结了通过分析水油比和产水率数据来描述储层驱动机理和估算储量的方法。

1.4　本书研究成果

本书在总结了致密气藏开发中存在的问题的基础上，通过对致密气藏的开发技术和开发特征、致密气藏的渗流机理、生产数据诊断和分析技术的研究得到以下成果。

（1）致密气藏的渗流机理。岩心渗流实验表明，致密气藏渗流曲线特征与低渗透储层渗流曲线特征一致，都呈早期下凹的非线性形态；单相气体的渗流特征符合 Klinkenberg 曲线的渗流特征，即渗透率是平均压力的函数。气体在多孔介质中的滑脱效应是在低压下产生的现象，而实际致密气藏的废弃压力很高，在这一压力范围内气体在储层中的滑脱效应很弱，几乎可以忽略，因此在致密气藏的实际生产过程中可以不考虑滑脱效应的影响。

储层参数如孔隙度、饱和度及裂缝受到应力敏感性影响，对于裂缝发育的致密储层，渗透率变化受应力变化比较大，而且裂缝变形一般属于塑性变形，伤害后不可恢复，因此对于致密储层的开发，对裂缝的保护尤为重要。

致密气藏储层渗透率、相对渗透率都受到毛细管压力影响，在渗透率的计算过程中应当考虑毛细管力的矫正。

在致密气藏中，非线性渗流区要大于拟线性渗流区，故而采用非线性渗流理论研究致密气藏较为合理。本书给出了模拟这种非线性渗流特征的三种模型，即拟启动压力梯度模型、非线性渗流模型及幂律流体渗流模型。

（2）致密气藏气井生产特征。致密砂岩气藏的开发在许多方面均不同于常规气藏，主要表现在：①单井控制储量和可采储量小，供气范围小，产量低，递减快，气井稳产条件差；②需经压裂和酸化等措施才能生产，投产后的递减率高；③纵向上储量动用程度不均匀，层间矛盾突出；④井筒积液严重，常给生产带来影响；⑤气井生产压差大，采气指数小，生产压降大，井口压力低，可供利用的压力资源有限；⑥由于孔隙结构特征差异大，排驱压力很高，存在着启动压力梯度现象。

（3）幂律指数递减模型。从实际数据出发，在 Arps 产量递减分析模型的基础上得出一种符合致密气藏生产特征的产量—时间关系曲线分析模型，即幂律指数递减模型。对于致密气藏，其生产数据往往表现出较长的非稳态渗流期特征，甚至不会出现拟稳态流（边界控制流）。而幂律指数递减模型可以很好地拟合到整个生产历史，包括非稳态流、过渡流、边界控制流。

（4）致密气藏生产数据诊断分析。本书总结了生产数据诊断和分析中的常见问题和挑战，并提出了一个综合的诊断分析方法及分析流程，包括基于模型的分析方法，并以产量递减经验方法和流动物质平衡方法作为补充分析致密气藏生产数据，计算动态储量。最后给出致密气藏气井生产数据分析实例。

第2章 致密油气藏渗流机理和开发特征

2.1 致密油气藏储层特征

致密砂岩油气藏的储层特征主要有以下几个方面：储层非均质性、低孔低渗透、高泥质含量、微裂缝发育、高毛细管压力、高含水饱和度。

2.1.1 储层非均质性

致密砂岩气藏储层一般都会存在严重的非均质性特征，其储层物性在纵向和横向上各向异性都明显，产层厚度和岩性也都很不稳定，在很短距离内就会出现岩相变化甚至岩性尖灭，从而导致无法进行井间对比。

2.1.2 低孔低渗透

致密气藏储层岩石孔隙度、渗透率都比较低，原地渗透率小于 0.1mD，产层的渗透率一般都在 0.01mD 以下，孔隙度一般在 3%~12%。

致密砂岩储层孔隙主要由分散在储层岩石中的微溶孔组成，大量的孔隙是由于沉积后矿物颗粒、岩石碎屑以及基质胶结物经过溶解或部分溶解而形成的，准确说就是次生孔隙发育，这种孔隙常被称为微溶孔，当然，也存在少量的原生孔隙。就孔隙结构来讲，致密砂岩储层中孔隙类型多样、孔喉半径小、泥质含量高。储层主要孔隙类型包括：缩小粒间孔、粒间溶孔、溶蚀扩大粒间孔、粒内溶孔、铸模孔、晶间微孔及裂缝等，孔径的尺度范围为 0.01~100μm；喉道类型主要以片状、弯片状、管束状为主，延伸长度为 10^{-5}~10^{-1}m。由于孔喉很小，微孔隙比重大，导致储层渗透率很低。

2.1.3 高泥质含量

致密砂岩储层泥质含量高，自生黏土矿物发育。与中、高渗储层相比，致密砂岩储层所含的自生黏土矿物多以水敏黏土矿物（蒙皂石、伊利石）及酸敏性矿物（绿泥石等）为主，黏土矿物的形态主要是膜状或桥状。致密砂岩储层极低的渗透率很大程度上要归结于自生黏土矿物的作用，如黏土微粒的释放、迁移、堵塞和膨胀等（Wells 和 Amaefule，1985）。

2.1.4 微裂缝发育

致密砂岩由于岩性坚硬，因而受构造作用而形成的微裂缝较为发育，主要包括构造微裂缝、解理缝和层面缝等，缝宽一般为 1~100μm，缝长 0.01~0.1m。构造微裂缝一般宽 1~15μm（杨建等，2008）。

2.1.5　高毛细管压力

岩石的毛细管压力主要受孔隙喉道及孔隙大小的影响。毛细管压力表示多孔介质中润湿相与非润湿相压力之差。由于致密砂岩储层孔喉结构特征，其毛管细管压力很高。测定致密岩石毛细管压力的方法主要有：水银注入法、水蒸气及烃蒸气吸附等温线法及离心法等。致密储层在相当低的润湿相饱和度下具有很高的毛细管压力。

2.1.6　高含水饱和度

对于致密气藏，由于储层高毛细管力的影响，在地层原始条件下，含水饱和度一般高达 30%~70%。

2.2　致密气藏渗流机理

致密油气藏由于其储层的特殊性，与常规的中、高渗气藏储层相比表现出如下特征：气体滑脱效应（Klinkenberg 曲线特征）、致密气层中毛细管力与渗透率的关系、应力敏感性及非线性渗流特征等。

2.2.1　滑脱效应

气体在低孔低渗透介质中低速渗流时，气体分子与孔隙介质壁面没有紧密接触，在介质壁面处具有一定的非零速度，当气体分子的平均自由程接近孔隙尺寸时，介质壁面处各分子将处于运动状态，这种现象称为气体分子的滑脱现象。对于致密储层，这一现象非常明显。

Klinkenberg（1941）通过实验观察，提出对于不含束缚水的多孔介质中仅有气体单相渗流时，气测渗透率（视渗透率）与流动平均压力有如下关系：

$$K_g = K_\infty \left(1 + b/p_M\right) \quad\quad (2-1)$$

式中　K_g——气测渗透率，也称视渗透率，D；

$\quad\quad K_\infty$——绝对渗透率，D；

$\quad\quad b$——气体滑脱因子，MPa；

$\quad\quad p_M$——流动平均压力，MPa。

气体滑脱因子的定义为：

$$b = \frac{4c\bar{\lambda}p_M}{r} \quad\quad (2-2)$$

式中　c——接近于 1 的恒定值；

$\quad\quad r$——孔隙半径，nm；

$\quad\quad \bar{\lambda}$——气体分子平均自由程，nm。

分子平均自由程表示为：

$$\bar{\lambda} = 4a\frac{\mu}{p_M}\sqrt{RT/M} \quad\quad (2-3)$$

式中　　a——常量，约等于 2；

　　　　μ——气体黏度，mPa·s；

　　　　M——气体摩尔质量，g/mol；

　　　　R——通用气体常数；

　　　　T——温度，K。

Wei 等（1986）通过实验指出，温度与致密气藏的滑脱系数密切相关。$\bar{\lambda}$ 仅与温度有关，按分子运动理论，$\bar{\lambda}$ 与温度成正比关系。因此，根据克氏曲线斜率 K_p/K_∞—$1/p_M$ 得出的滑脱因子 b 对于给定的多孔介质就不是一个定值，而是随温度变化而变化的。由视渗透率与平均流动压力关系式可以知道，致密气藏储层视渗透率比绝对渗透率高。

多孔介质中单一气相渗流时，结合达西定律与气体分子扩散运动理论，气体运动是压力差和密度场共同作用的结果。压力场内的流动服从达西定律，密度场内的流动则服从 Fick 定律，那么气体渗流速度应该是这两种速度的叠加。因此得到多孔介质中单一气相流动时，考虑气体滑脱效应的气体渗流运动方程为：

$$v = -\frac{K_\infty}{\mu}\left(1 + \frac{b_a}{p_M}\right)\frac{\partial p}{\partial L}$$

$$b_a = \frac{p_M C_g \mu D}{K_\infty}$$

（2-4）

式中　　v——渗流速度，cm/s；

　　　　L——多孔介质长度，cm；

　　　　D——扩散系数，与扩散物质和介质性质有关，cm²/s；

　　　　C_g——气体压缩系数；

　　　　b_a——视滑脱因子。

李宁等（2003）在残余水状态下，通过对 70 多块低渗透岩心（包括致密岩心）的渗流实验研究了束缚水条件下的 Klinkenberg 渗流曲线特征。认为气体低速渗流曲线特征与渗透率和含水饱和度密切相关，随着渗透率的增大和含水饱和度的减小，气体低速非达西渗流逐渐向达西渗流过渡。

目前，针对气水两相流动时的滑脱效应的研究尤其是实验研究相对较少，且存在分歧：一种观点认为气水两相流动时，滑脱因子是随着含水饱和度的增加而降低的，这与克氏规律是相悖的；另一种观点认为，随着含水饱和度的增加，滑脱因子也相应变大，与克氏规律一致。但研究人员对于气水两相滑脱效应影响相对渗透率这一点的认识是一致的。

Eretkin 等（1986）针对渗透率低于 0.01mD 的致密砂岩气藏，建立了考虑两相流动气体滑脱效应影响的数值模型，计算结果表明，如果不考虑滑脱效应，将导致最终气相采收率计算存在较大误差，误差为 10%~30%。

根据致密气藏岩心渗流实验结果可以看出（图 2-1），气体在多孔介质中的滑脱效应是在低压下产生的现象。实际上，致密气藏储层压力及废弃压力一般都会很高，在这一压力范围内气体在储层中的滑脱效应将很弱，几乎可以忽略，因此在致密气藏的实际生产过程中几乎可以不考虑滑脱效应的影响。

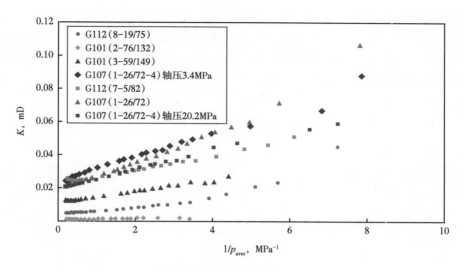

图 2-1　致密砂岩储层岩心克氏曲线

2.2.2　毛细管力与渗透率的关系

致密气藏储层岩石的小孔喉特征、孔隙之间裂缝发育、孔隙裂缝连通等微观特性导致了储层的一些宏观特征，比如高毛细管力、低孔低渗透特征、高残余湿相饱和度等。许多学者都曾研究过毛细管力与储层岩石绝对渗透率和相对渗透率的关系。Thomeer（1960）和Swanson（1981）提出了绝对渗透率与毛细管压力之间的关系。但是这些关系和方程都是基于渗透率大于 10mD 的岩样测定得到的。Wells 和 Amaefule（1985）研究提出了一种改进的方法，并得到 Swanson 参数和渗透率的关系，使预测低于 10mD 岩样的渗透率更加准确。

对不同类型岩样测得的水银毛细管力 p_c 和水银饱和度（体积百分数）S_b 的关系可以表示为：

$$\left(\lg p_c - \lg p_d\right)\left(\lg S_b - \lg S_{b\infty}\right) = -C^2 \tag{2-5}$$

式中　p_c——水银与空气毛细管力，MPa；

$\quad\quad p_d$——水银与空气外推排驱压力，MPa；

$\quad\quad S_b$——水银饱和度，%；

$\quad\quad S_{b\infty}$——压力无限大的水银饱和度，%；

$\quad\quad C$——曲线形态系数，是孔隙几何形态的反映。

式（2-5）对 p_c 求导数并消去 p_d，得到其线性形式：

$$\lg S_b - \lg S_{b\infty} = C\left[\left(\frac{p_c}{S_b}\right)\left(\frac{dS_b}{dp_d}\right)\right]^{0.5} \tag{2-6}$$

很显然，$(p_c/S_b)^{0.5}$—$\lg S_b$ 曲线存在最小值 $(p_c/S_b)^{0.5}$，这个最小值是唯一的储层物理参数，表示为 ψ_{Hg}，它与 Swanson 参数有关，即：

$$\psi_{A,Hg} = \left(\frac{S_b}{p_c}\right)_{A,Hg}^{-0.5} \tag{2-7}$$

在确定了储层物理参数之后，Swanson（1981），Wells 和 Amaefule（1985）就将这个储层的特征参数作为变量，寻找渗透率与其之间的关系。所不同的是 Swanson 提出的关系式适用于中、高渗储层，而 Wells 和 Amaefule 提出的关系式用于低渗透储层效果较好。Wells 和 Amaefule 提出的关系式表示为：

$$K_g(\text{mD}) = 30.5\left(\frac{S_b}{p_c}\right)_{A,Hg}^{1.56} \qquad (2-8)$$

根据 Wpinskin 和 Teufel（1990）的研究结果，对于致密储层，常规的稳态流法或动态驱替法很难得到其相对渗透率曲线，一般使用 Brooks 和 Corey 方程来计算：

$$K_{rw} = \left(S_w^*\right)^{\left(\frac{2+3\lambda}{\lambda}\right)} \qquad (2-9)$$

$$K_{rnw} = \left(1 - S_w^2\right)^2\left[1 - S_w^{*\left(\frac{2+3\lambda}{\lambda}\right)}\right] \qquad (2-10)$$

$$S_w^* = \frac{S_w - S_{wr}}{1 - S_{wr}} \qquad (2-11)$$

式中　S_w^*——标准化湿相饱和度，体积百分数；

$\quad\quad K_{rw}$——湿相相对渗透率；

$\quad\quad K_{rnw}$——非湿相相对渗透率；

$\quad\quad S_{wr}$——残余湿相饱和度，体积百分数；

$\quad\quad \lambda$——孔隙结构特征参数。

Wells 和 Amaefule（1985）认为，从压汞毛细管压力曲线计算得的相对渗透率，在任何饱和度下预测的水气比都偏高，并指出在致密气藏使用离心机空气—盐水毛细管压力数据作气体开采预测效果会比较好。

2.2.3　应力敏感性

应力敏感性是指，随着油气田开发的进行，储层孔隙压力逐渐降低，从而导致岩石的有效应力发生变化，进而导致储层的物性参数，包括孔隙度、渗透率和压缩系数等发生变化。

目前研究致密砂岩气藏应力敏感性主要通过实验测定方法来完成。根据致密砂岩的岩石力学性质分析可知，在岩石应力作用下储层岩石孔喉体积及裂缝宽度必将发生变化，孔隙度及渗透率也将随之变化。

2.2.3.1　致密砂岩储层岩石力学性质

根据岩石力学理论，岩石在压缩过程中将经历弹性、屈服、弱化和破坏变形四阶段。致密砂岩气藏储层在开发过程中孔隙压力逐渐下降从而导致有效应力增加，而有效应力增加又必将压缩储层岩石的孔隙体积使之产生形变。致密砂岩气藏所处的应力范围一般为30~50 MPa，在其储层岩石的弹性和弹—塑性变形应力范围之内。

致密储层岩石致密，一般又历经强烈的成岩作用，因而，其岩石形变不仅与所受外力有关，与岩石颗粒的物理性质、颗粒之间的相互关系以及储层中裂缝、微裂隙的发育等也有很大关系。

2.2.3.2　致密砂岩储层应力敏感性

根据张浩等（2004）对致密砂岩岩样的应力敏感性实验，其分析结果如下。

2.2.3.2.1　孔隙度应力敏感特征

对 4 块致密砂岩气藏的基块岩样进行应力敏感性实验，孔隙度与有效应力关系如图 2-2 所示。

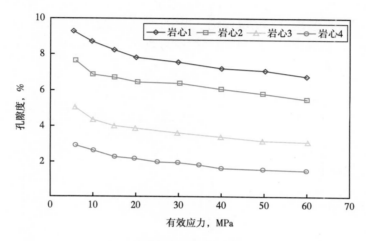

图 2-2　致密砂岩孔隙度与有效应力关系

从图 2-2 中可以看到，当有效应力改变时，致密砂岩的孔隙度（孔隙体积）变化不明显，有效应力从 6MPa 增加到 30MPa 时孔隙度变化幅度较大，而加压到 30MPa 之后孔隙度变化趋于平缓，因此认为，应力变化在 6~30MPa 为致密砂岩孔隙的主要敏感区间。

2.2.3.2.2　裂缝应力敏感特征

储层岩石中的致密砂岩裂缝与有效应力关系如图 2-3 所示。

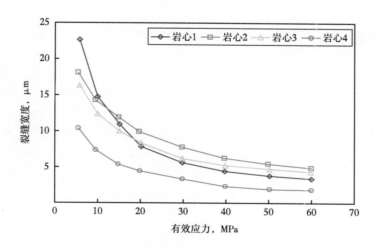

图 2-3　致密砂岩裂缝与有效应力关系

从图 2-3 中可以看出，致密砂岩裂缝宽度随应力变化曲线与孔隙度随应力变化曲线特征相似，不同之处在于，整体上看，裂缝宽度变化曲线幅度较之孔隙度变化要大。有效应力从 6MPa 增加到 40MPa 时裂缝宽度变化幅度较大，而加压到 40MPa 后裂缝宽度变化逐渐趋于平缓。

2.2.3.2.3 渗透率应力敏感特征

储层岩石中的渗透率与有效应力关系如图 2-4 所示。从图 2-4 中可以看出，有效应力对致密砂岩的渗透率影响比较大。对于致密储层渗透率变化，主要因为受应力变化影响，储层岩石孔隙体积变小，裂缝宽度变小而导致渗流空间变小的缘故。具体变化值根据储层岩石的孔隙结构特征、裂缝发育情况而定。当然，对于裂缝发育的储层，渗透率变化受应力变化影响比较大，裂缝变形一般属于塑性变形，且不可恢复，因此对于致密储层的开发及裂缝的保护尤为重要。

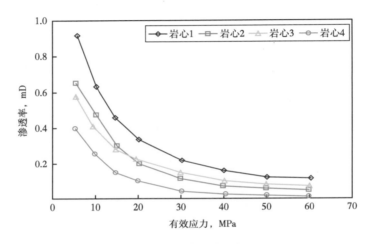

图 2-4 致密砂岩渗透率与有效应力关系

2.2.4 非线性渗流特征

2.2.4.1 渗流曲线

岩心渗流实验表明，致密砂岩油气藏储层渗流曲线特征与低渗透储层渗流曲线特征一致，都呈早期下凹的非线性形态并且存在启动压力如图 2-5 所示。

启动压力又称为阈压或门槛压力，是指非润湿相开始进入岩石孔隙时的最小压力。如图 2-5 所示，致密气藏中流体渗流时存在 3 个区域：死气区、非线性渗流区和拟线性渗流区。死气区：压力梯度小于启动压力梯度（A 点的值）时，流体不可动，为死气区。非线性渗流区：当压力梯度大于启动压力梯度时，流体开始流动，渗流曲线呈上凹。拟线性渗流区：随压力梯度的增大，渗流曲线逐渐由非线性段过渡到直线段，即拟线性渗流区。其中，非线性段过渡到拟线性段的点（D 点）称之为临界点，相应的压力梯度和渗流速度为临界压力梯度和临界渗流速度；拟线性段直线外推与压力梯度轴交点（C 点）称之为拟启动压力梯度。

在致密气藏中，非线性渗流区要大于拟线性渗流区，故采用非线性渗流理论研究致密气藏较为合理。

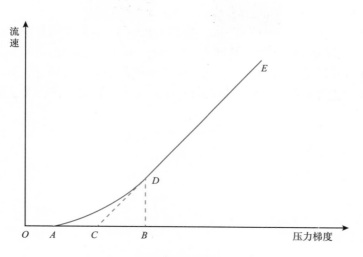

图 2-5　致密砂岩储层渗流曲线

2.2.4.2　渗流模型

目前针对低渗透、致密储层的渗流规律研究主要有两种模型，即：拟启动压力梯度模型和非线性渗流模型。

拟启动压力梯度模型是把渗流曲线上上凹的曲线段用拟线性段外推的直线来代替（图 2-5），直线与横轴交点为拟启动压力梯度。这种模型在考虑低速非达西渗流段时低估了储层的渗流能力：储层平面上，除去等压区，驱动压力梯度小于拟启动压力梯度的区域流体都不流动，为死油区；纵向上，不能建立有效驱替的储层，不能动用。因此，用该模型最终计算的采油速度、采出程度和最终采收率等的计算结果将偏低，有效驱替不易建立，优选井网井距偏小。

针对非线性渗流模型的研究，目前有三种形式：基于非线性段近似线性化后组成的两段直线模型；基于唯象理论拟合渗流实验结果得到的非线性模型，但缺乏理论根据；根据边界层理论建立的非线性渗流模型。非线性渗流模型相对于拟线性模型比较准确，但是由于其形式的复杂性，实际应用起来比较困难。

本节根据致密储层的非线性渗流曲线特征，与非牛顿幂率流体渗流曲线颇为相似，因此建立了非牛顿幂率流体渗流模型来模拟致密储层的非线性渗流特征，并考虑了启动压力梯度及动边界影响。

2.2.4.2.1　拟启动压力梯度模型

拟启动压力梯度的渗流规律表示为：

$$
v = \begin{cases} -\dfrac{K}{\mu}\dfrac{\partial p}{\partial x}\left(1 - \dfrac{\lambda}{\left|\dfrac{\partial p}{\partial x}\right|}\right), & \left|\dfrac{\partial p}{\partial x}\right| > \lambda \\ \\ 0, & \left|\dfrac{\partial p}{\partial x}\right| < \lambda \end{cases}
\qquad （2\text{-}12）
$$

式中　λ——启动压力梯度，MPa/m。

　　假设平面无限大低渗透致密气藏中，储层厚度均匀，介质微可压缩且各向同性，忽略重力和毛细管力的影响。根据动边界理论（Pascal，1981；刘慈群，1982），当存在启动压力梯度时，在不稳定渗流过程中压力扰动的传播不能假定为瞬时到达无穷远，而是存在一个动边界，这个动边界是压力扰动传播的外边缘。考虑动边界情况，无量纲控制方程为：

$$\frac{\partial^2 p_D}{\partial r_D^{\,2}} + \frac{1}{r}\frac{\partial p_D}{\partial r_D} = \frac{\partial p_D}{\partial t_D},\ 1 \leqslant r_D \leqslant r_{fD}(t_D),\ 0 \leqslant t_D < \infty \tag{2-13}$$

初始条件、内边界条件：

$$p_D(r_D,0)=0,\ r_{fD}(0)=1,\ \left[r_D\frac{\partial p_D}{\partial r_D}\right]_{r_D=1}=-1 \tag{2-14}$$

外边界动界面条件：

$$\left[\frac{\partial p_D}{\partial r_D}\right]_{r_D=r_{fD}(t_D)}=0,\ \ p_D(r_{fD},t_D)=\lambda_D\left[r_{fD}(t_D)-1\right] \tag{2-15}$$

其中的无量纲量定义如下：

$$p_D=\frac{Kh\left[p_{pi}-p_p+(r-r_w)\lambda\right]}{1.842\times10^3 q\mu B},\ t_D=\frac{3.6Kt_a}{\phi\mu c_t r_w^2} \tag{2-16}$$

$$r_D=\frac{r}{r_w},\ r_{fD}=\frac{r_f(t)}{r_w},\ \lambda_D=\frac{Khr_w\lambda}{1.842\times10^3 q\mu B} \tag{2-17}$$

式中　K——储层渗透率，D；

　　　　h——储层厚度，m；

　　　　q——井产量，m³/d；

　　　　μ——原油黏度，mPa·s；

　　　　B——原油体积系数，m³/m³；

　　　　p_p——地层拟压力，MPa；

　　　　p_{pi}——原始地层拟压力，MPa；

　　　　t_a——拟时间函数，h；

　　　　ϕ——储层孔隙度；

　　　　c_t——系统压缩系数，MPa⁻¹；

　　　　r——径向坐标，m；

　　　　r_w——井筒半径，m；

　　　　r_f——压力扰动外边界，m；

　　　　λ——启动压力梯度，MPa/m。

　　拟压力函数（Russell 等，1966）定义为：

$$p_p(p) = \frac{\mu_{gi}Z_i}{p_i} \int_{p_a}^{p} \frac{p}{\mu_g(p)Z(p)} \mathrm{d}p \qquad (2\text{-}18)$$

拟时间函数（Meunier 等，1987）定义为：

$$t_a(t) = \int_0^t \frac{\mu_{gi}c_{gi}}{\mu_g c_g} \mathrm{d}t \qquad (2\text{-}19)$$

式中　μ_{gi}——气体初始黏度，mPa·s；

　　　μ_g——气体黏度，mPa·s；

　　　c_{gi}——气体初始压缩系数，MPa^{-1}；

　　　c_g——气体压缩系数，MPa^{-1}；

　　　Z_i——气体初始压缩因子；

　　　Z——气体压缩因子；

　　　p_i——原始地层压力，MPa。

求解上述模型可以得到井壁压力变化及动边界传播结果，计算结果如图 2-6、图 2-7 所示。

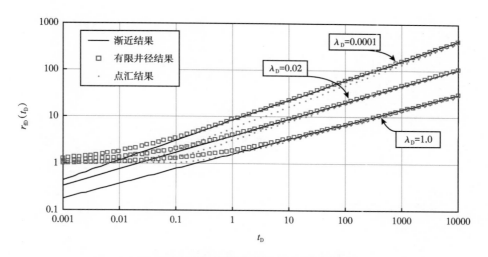

图 2-6　不同 λ_D 条件下的动边界传播情况

2.2.4.2.2　非线性渗流模型

非线性渗流模型形式复杂，本节介绍目前一种比较新的非线性渗流模型研究结果，姜瑞忠等（2011）根据边界层理论导出的一种两参数的非线性渗流模型，形式如下：

$$v = \frac{K}{\mu}A\left(1 - \frac{\xi_1}{|\nabla p|} - \frac{\xi_1\xi_2}{|\nabla p|(|\nabla p| - \xi_2)}\right)|\nabla p| \qquad (2\text{-}20)$$

式（2-20）中的 ξ_1 体现了流体存在屈服应力值以及边界层对渗流的影响，ξ_2 主要体现了边界层对渗流的影响，A 为井筒渗流面积。与岩心实验数据拟合如图 2-8 所示，可以看出拟合效果是比较好的。

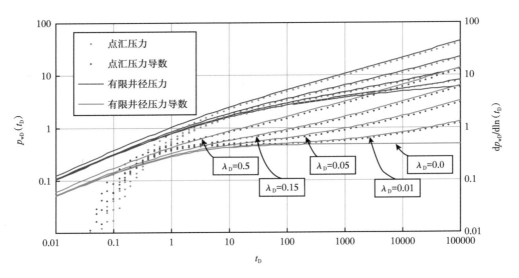

图 2-7 不同 λ_D 条件下的无量纲井壁压力和压力导数

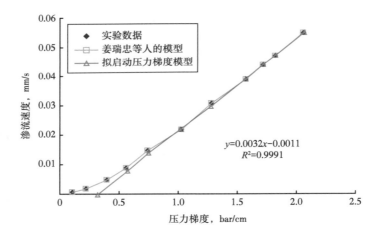

图 2-8 岩心非线性渗流曲线拟合图

沿用 2.2.4.2.1 节假设的物理模型，同样考虑动边界影响，单相非线性不稳态渗流控制方程组为：

$$\frac{1}{r}\frac{\partial}{\partial r}\left\{r\frac{\partial p}{\partial r}\left[1-\frac{\xi_1}{\dfrac{\partial p}{\partial r}}-\frac{\xi_1\xi_2}{\dfrac{\partial p}{\partial r}\left(\dfrac{\partial p}{\partial r}-\xi_2\right)}\right]\right\}=\frac{1}{\eta}\frac{\partial p}{\partial r} \qquad (2\text{-}21)$$

$$p(r,t)=p_i, t=0 \qquad (2\text{-}22)$$

$$r\frac{\partial p}{\partial r}\left[1-\frac{\xi_1}{\dfrac{\partial p}{\partial r}}-\frac{\xi_1\xi_2}{\dfrac{\partial p}{\partial r}\left(\dfrac{\partial p}{\partial r}-\xi_2\right)}\right]=\frac{q\mu B}{2\pi Kh},r=r_{\mathrm{w}} \qquad (2-23)$$

$$\frac{\partial p}{\partial r}=\xi_1+\xi_2,r=R(t) \qquad (2-24)$$

式中 η 为扩散系数项，$R(t)$ 为动边界函数，其他参数与 2.2.4.2.1 节相同。姜瑞忠等（2011）对该模型进行了求解，得到了不稳态压力分布，如图 2-9 所示。

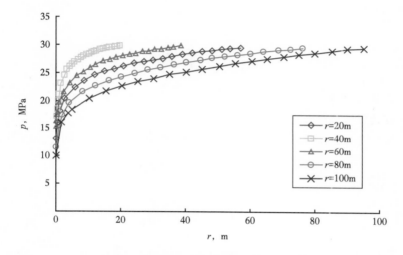

图 2-9　非线性不稳态渗流压力分布规律

并通过数值模拟研究将拟启动压力梯度模型与非稳态渗流模型进行了对比，两模型的渗流区域对比如图 2-10 所示。

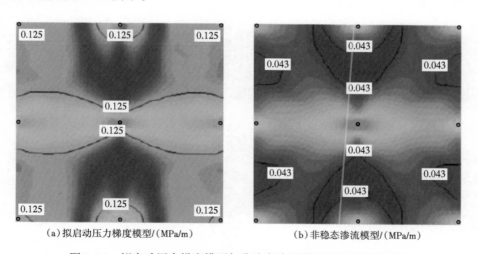

（a）拟启动压力梯度模型/（MPa/m）　　　　（b）非稳态渗流模型/（MPa/m）

图 2-10　拟启动压力梯度模型与非稳态渗流模型渗流区域对比图

（1）两模型计算的结果图中均显示储层中存在不流动区，符合低渗透、致密储层的实际情况；

（2）基于非线性渗流模型计算得到的储层不流动区域面积小于拟启动压力梯度模型的计算结果，这充分说明了拟启动压力梯度模型过大考虑了低渗透储层的渗流阻力，使得单井控制面积变小，波及状况变差，计算得出的采收率较低。

2.2.4.2.3 考虑启动压力梯度的非牛顿流体渗流模型

对于均匀介质中的非牛顿流体渗流，忽略重力和毛细管力影响，柱坐标系连续性方程为：

$$-\frac{1}{r}\frac{\partial(r\rho v)}{\partial r}=\frac{\partial(\rho\phi)}{\partial t} \tag{2-25}$$

运动方程为：

$$v=\left[-\frac{K_e}{\mu_e}\left(\frac{\partial p}{\partial r}-\lambda\right)\right]^{\frac{1}{n}} \tag{2-26}$$

式中 K_e——有效渗透率；

μ_e——有效黏度。

将式（2-26）代入连续性方程（2-25），并考虑介质及流体的压缩系数定义：

$$c_f=\frac{1}{\phi}\frac{\partial\phi}{\partial p},\quad c_1=\frac{1}{\rho}\frac{\partial\rho}{\partial p}$$

有：

$$\frac{\partial^2 p}{\partial r^2}+\frac{n}{r}\left(\frac{\partial p}{\partial r}-\lambda\right)+nc_1\frac{\partial p}{\partial r}\left(\frac{\partial p}{\partial r}-\lambda\right)=n\phi c_t\left(\frac{\mu_e}{K_e}\right)^{\frac{1}{n}}\left[-\left(\frac{\partial p}{\partial r}-\lambda\right)\right]^{\frac{n-1}{n}}\frac{\partial p}{\partial t} \tag{2-27}$$

其中 $c_t=c_f+c_1$ 为系统压缩系数，假设流体微可压缩，压力梯度项一般很小，忽略式（2-27）左边第三项平方项，则式（2-27）简化为：

$$\frac{\partial^2 p}{\partial r^2}+\frac{n}{r}\left(\frac{\partial p}{\partial r}-\lambda\right)=n\phi c_t\left(\frac{\mu_e}{K_e}\right)^{\frac{1}{n}}\left[-\left(\frac{\partial p}{\partial r}-\lambda\right)\right]^{\frac{n-1}{n}}\frac{\partial p}{\partial t} \tag{2-28}$$

假设通过以井为中心任意半径处的圆的流量为 $q(r)$，式（2-26）的运动方程可变为：

$$-\left(\frac{\partial p}{\partial r}-\lambda\right)=\frac{\mu_e}{K_e}\left(\frac{qB}{2\pi rh}\right)^n \tag{2-29}$$

并定义特征黏度：

$$\mu^*=\mu_e\left(\frac{qB}{2\pi r_w h}\right)^{n-1} \tag{2-30}$$

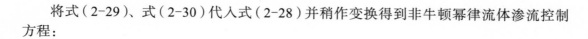

将式（2-29）、式（2-30）代入式（2-28）并稍作变换得到非牛顿幂律流体渗流控制方程：

$$\frac{\partial^2 p}{\partial r^2}+\frac{n}{r}\left(\frac{\partial p}{\partial r}-\lambda\right)=\frac{n\phi c_t\mu^*}{K_e}\left(\frac{r}{r_w}\right)^{1-n}\frac{\partial p}{\partial t} \tag{2-31}$$

考虑平面无限大地层中心一口井定产生产，则有：

内边界定产条件：

$$r\left(\frac{\partial p}{\partial r}-\lambda\right)\Bigg|_{r=r_w}=\frac{q\mu^* B}{2\pi Kh} \tag{2-32}$$

外边界移动界面条件：

$$\left(\frac{\partial p}{\partial r}-\lambda\right)\Bigg|_{r=r_f(t)}=0 \tag{2-33}$$

$$p(r,t)\big|_{r=r_f(t)}=p_i \tag{2-34}$$

式中　$r_f(t)$——压力扰动外边界。

经过无量纲化，渗流控制方程组变为：

$$\frac{\partial^2 p_D}{\partial r_D^{\,2}}+\frac{n}{r}\frac{\partial p_D}{\partial r_D}=r_D^{\,1-n}\frac{\partial p_D}{\partial t_D},\,1\leqslant r_D\leqslant r_{fD}(t_D),\,0\leqslant t_D<\infty \tag{2-35}$$

初始条件：

$$p_D(r_D,0)=0 \tag{2-36}$$

$$r_{fD}(0)=1 \tag{2-37}$$

内边界条件：

$$\left(r_D^{\,n}\frac{\partial p_D}{\partial r_D}\right)_{r_D=1}=-1 \tag{2-38}$$

外边界动界面条件：

$$\left(\frac{\partial p_D}{\partial r_D}\right)_{r_D=r_{fD}(t_D)}=0 \tag{2-39}$$

$$p_D(r_{fD},t_D)=\lambda_D\big[r_{fD}(t_D)-1\big] \tag{2-40}$$

其中的无量纲量定义如下。

无量纲压力：

$$p_{\mathrm{D}} = \frac{Kh\left[p_i - p + (r - r_{\mathrm{w}})\lambda \right]}{1.842 \times 10^3 q \mu B} \tag{2-41}$$

无量纲时间：

$$t_{\mathrm{D}} = \frac{3.6Kt}{n\phi\mu^* c_{\mathrm{t}} r_{\mathrm{w}}^2} \tag{2-42}$$

无量纲径向距离：

$$r_{\mathrm{D}} = \frac{r}{r_{\mathrm{w}}} \tag{2-43}$$

无量纲动边界位置：

$$r_{\mathrm{fD}} = \frac{r_{\mathrm{f}}(t)}{r_{\mathrm{w}}} \tag{2-44}$$

无量纲启动压力梯度：

$$\lambda_{\mathrm{D}} = \frac{Khr_{\mathrm{w}}\lambda}{1.842 \times 10^3 q \mu B} \tag{2-45}$$

式中　K——储层渗透率，D；

　　　h——储层厚度，m；

　　　q——井产量，m³/d；

　　　μ^*——特征黏度，mPa·s；

　　　B——体积系数，m³/m³；

　　　p——地层压力，MPa；

　　　p_{i}——原始地层压力，MPa；

　　　t——时间，h；

　　　ϕ——储层孔隙度；

　　　c_{t}——系统压缩系数，MPa⁻¹；

　　　r——径向坐标，m；

　　　r_{w}——井筒半径，m；

　　　r_{f}——压力扰动外边界，m；

　　　λ——启动压力梯度，MPa/m。

通过 Laplace 变换方程式：

$$\tilde{p}_{\mathrm{D}}(r_{\mathrm{D}}, s) = \int_0^\infty \mathrm{e}^{-st_{\mathrm{D}}} p_{\mathrm{D}}(r_{\mathrm{D}}, t_{\mathrm{D}})\,\mathrm{d}t_{\mathrm{D}} \tag{2-46}$$

$$\tilde{r}_{\mathrm{fD}}(s) = \int_0^\infty \mathrm{e}^{-st_{\mathrm{D}}} r_{\mathrm{fD}}(t_{\mathrm{D}})\,\mathrm{d}t_{\mathrm{D}} \tag{2-47}$$

对不稳态渗流控制方程组（2-31）至（2-35）进行 Laplace 变化得到：

$$\frac{\partial^2 \tilde{p}_D}{\partial r_D{}^2} + \frac{n}{r}\frac{\partial \tilde{p}_D}{\partial r_D} = r_D{}^{1-n} s\tilde{p}_D, 1 \leqslant r_D \leqslant \tilde{r}_{fD}(s), 0 < s < \infty \qquad (2\text{-}48)$$

初始条件：

$$\tilde{p}_D(r_D, \infty) = 0 \qquad (2\text{-}49)$$

$$\tilde{r}_{fD}(\infty) = 0 \qquad (2\text{-}50)$$

内边界条件：

$$\left(r_D \frac{\partial \tilde{p}_D}{\partial r_D} \right)_{r_D=1} = -\frac{1}{s} \qquad (2\text{-}51)$$

外边界动界面条件：

$$\left(\frac{\partial \tilde{p}_D}{\partial r_D} \right)_{r_D=s\tilde{r}_{fD}(s)} = 0 \qquad (2\text{-}52)$$

$$\tilde{p}_D(s\tilde{r}_{fD}, s) = \lambda_D\left[\tilde{r}_{fD}(s) - 1/s \right] \qquad (2\text{-}53)$$

求解方程组（2-48）至（2-53）得到非牛顿流体不稳态压力分布的 Laplace 空间解：

$$s\tilde{p}_D(r_D, s) = \frac{r_D{}^{\frac{1-n}{2}}}{\sqrt{s}} \frac{I_{v-1}\left(\frac{\sqrt{s}}{\beta}R_D{}^\beta\right)K_v\left(\frac{\sqrt{s}}{\beta}r_D{}^\beta\right) + K_{v-1}\left(\frac{\sqrt{s}}{\beta}R_D{}^\beta\right)I_v\left(\frac{\sqrt{s}}{\beta}r_D{}^\beta\right)}{I_{v-1}\left(\frac{\sqrt{s}}{\beta}R_D{}^\beta\right)K_{v-1}\left(\frac{\sqrt{s}}{\beta}\right) - K_{v-1}\left(\frac{\sqrt{s}}{\beta}R_D{}^\beta\right)I_{v-1}\left(\frac{\sqrt{s}}{\beta}\right)}$$

$$v = \frac{1-n}{3-n}, \quad \beta = \frac{3-n}{2}, \quad R_D = s\tilde{r}_{fD}(s) \qquad (2\text{-}54)$$

式中　　s——Laplace 变换量；

　　　r_{fD}——无量纲动边界位置；

　　　$\tilde{r}_{fD}$——r_{fD} 的 Laplace 变换形式。

把式（2-54）代入式（2-53），并应用 Bessel 函数的 Wronski 关系式：

$$K_v I_{v-1} + K_{v-1} I_v = \frac{1}{t} \qquad (2\text{-}55)$$

变换后可以得到动边界传播方程：

$$I_{v-1}\left(\frac{\sqrt{s}}{\beta}R_D{}^\beta\right)K_{v-1}\left(\frac{\sqrt{s}}{\beta}\right) - K_{v-1}\left(\frac{\sqrt{s}}{\beta}R_D{}^\beta\right)I_{v-1}\left(\frac{\sqrt{s}}{\beta}\right) = \frac{\beta}{s\lambda_D R_D(R_D - 1)} \qquad (2\text{-}56)$$

先在 Laplace 空间迭代求解式（2-56），再通过数值反演计算公式（2-54）得到储层无量纲压力分布或井壁压力分布。图 2-11 为幂律指数为 0.5 时不同启动压力梯度的动边界随时间变化图，图 2-12 为启动压力梯度为 0.01，不同幂律指数的压力与压力导数随时间变化曲线图。

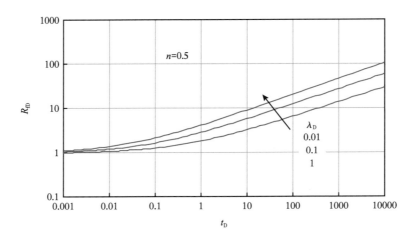

图 2-11　不同 λ_D 条件下的动边界传播情况（n=0.5）

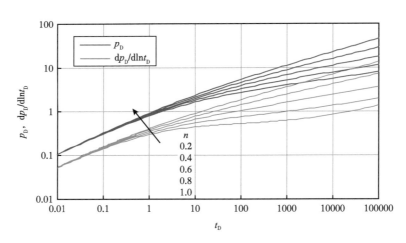

图 2-12　不同 n 条件下的无量纲井壁压力和压力导数（λ_D=0.01）

2.3　开发技术方法和开发特征

2.3.1　致密油藏开发技术方法

目前，国内外对于致密油藏的开发以"水平井 + 体积压裂"为核心，形成了包括储层"甜点"预测技术、长水平井钻井技术、增产工艺技术、工程地面一体化设计技术等为主

的开发关键技术：

2.3.1.1　储层"甜点"预测技术

以多参数岩石物理图版为基础的致密油储层地震预测技术，形成了地质"甜点"、工程"甜点"、经济"甜点"综合评价的致密油"甜点"区优选技术，为致密油勘探开发选准靶区、平台式丛式水平井部署奠定基础。

2.3.1.2　长水平井钻井技术

（1）水平段长度优化技术：应用产油量与水平段长度关系方法、净现值法等方法确定致密油藏技术有效地经济可行合理水平段长度。

（2）钻井配套技术：水平井钻井最重要的是确定所钻水平段能准确控制在靶区内，减少潜在的偏离，提高储层钻遇率。目前国内外先进的水平井钻井配套技术包括旋转地质导向技术（RSS）、Litho Scanner 高清晰度光谱技术、微成像（MSI）系统技术应用。

2.3.1.3　增产工艺技术

（1）分层压裂技术：包括连续油管分层压裂和封隔器分层压裂，可以提高纵向上小层的动用程度。

（2）水平井分段压裂技术：包括多级滑套水力压差式封隔器分压（套管完井）和水力喷射加砂分段压裂技术，可以对水平层段进行选择性改造，提高水平段整体渗流能力。

（3）大型压裂技术：适用于砂体厚度大于 20m，砂体平面展布较均匀，一般要求支撑缝长大于 300m，加砂规模大于 $100m^3$；可大大提高气井单井产量。

2.3.1.4　工程地面一体化设计技术

（1）"工厂化"作业：是指在同一区域采用大平台集中部署一批井身结构相似、完井方式相同的井，大量使用成熟的、标准化的技术系列和标配装备，以流水线形式进行钻井、完井、压裂、生产等作业的生产模式。"工厂化"作业以"平台式"钻井为基础，以成熟的工程技术为手段，以大幅度提高作业效率为目标，可显著降低致密油钻井、措施成本。

（2）集约化地面处理配套技术：在一定的有效半径内，建设集压裂水源供应、压裂液回收处理、原油集输三位一体的联合站，采用一套管网与各丛式水平井场相连，集输管道在体积压裂作业阶段反输压裂用水，放喷和采油阶段油水正向混输，从而有效降低运行成本。

2.3.2　致密油藏开发特征

致密油藏具有与常规油藏不同的地质油藏特征，主要表现为储层低孔低渗透低压、储量丰度低、含油气面积大、"甜点"区局部富集，油气水关系复杂、不完全受圈闭控制，普遍存在压力异常、原油性质好等基本特征。这些地质特征也决定了其开发动态与常规油藏具有较大的差异（李朝霞等，2014）：

（1）由于致密油藏低孔低渗透及储量丰度低的特征，一般无自然产能或自然产能较低；不采取特殊的技术措施，一般不具备经济开发价值。

（2）油井产量递减一般表现为两段式特征，改造后初期产量高、递减快，后期低产相对稳产且生产时间长。

（3）油井初期油水同产，见油即见水，含水率初期相对稳定，生产一定时间后有所下降。

（4）油井投产 5 年左右即可产出约 50% 的最终可采储量，单井初期产量、控制储量和累积产量是影响致密油藏效益开发的关键指标。

（5）致密气藏以衰竭式开发为主，一次采油采收率较低 (2%~10%)；由于储层物性差且存在较高的启动压力梯度，通过常规的注水、注气等方式补充地层能量效果较差，提高采收率手段有限。

2.3.3　致密气藏开发技术方法

针对致密砂岩气储层物性差、储量丰度高、单井井控储量小等地质与开发特征，目前形成了以气藏描述、井网加密等为主体的开发技术（雷群等，2011）。

2.3.3.1　气藏描述技术

对致密砂岩气藏进行储层精细描述，是合理有效开发该类气藏的基础。目前发展有二维、三维地震技术，主要包括构造描述技术、波阻抗反演储层预测技术、地震属性技术、频谱成像技术、三维可视化技术及地震叠前反演技术。这些气藏描述技术的应用可以大大提高储层预测和气水识别精度，裂缝预测技术为井位优化提供关键性资料。

2.3.3.2　井网加密技术

在综合地质研究基础上，应用试井、生产动态分析和数值模拟等动态描述手段，确定井控储量与供气区形态，优化加密井网。主要包括以下步骤：

（1）利用生产动态分析技术确定单井模型，估算储层渗透率、单井控制储量和有效泄气面积等。

（2）作单井泄气面积累计频率分布曲线，统计分析单井泄气面积分布情况，依据目前井控条件与泄气面积的匹配关系，分析加密井的潜力。

（3）依据单井控制储量与泄气面积的关系，估算加密后新增可采储量，评价加密的可行性。

（4）地质评价与动态描述相结合，确定加密井位，实施井网加密。

（5）依据获得的静态、动态资料，评价井网加密效果，评估是否具有进一步加密的潜力。

2.3.3.3　增产工艺技术

（1）分层压裂技术：包括连续油管分层压裂和封隔器分层压裂，可以提高纵向上小层的动用程度。

（2）水平井分段压裂技术：包括多级滑套水力压差式封隔器分段压裂技术（套管完井）和水力喷射加砂分段压裂技术，可以对水平层段进行选择性改造，提高水平段整体渗流能力。

（3）大型压裂技术：适用于砂体厚度大于 20m，砂体平面展布较均匀的情形，一般要求支撑缝长大于 300m，加砂规模大于 100m³；可大大提高气井单井产量。

2.3.3.4　钻采工艺技术

（1）小井眼技术：井场各项费用减少 60%，节约钻井成本 15%~40%。

（2）欠平衡钻井完井技术：欠平衡压力钻井是指在钻井过程中钻井液柱作用在井底的压力（包括钻井液柱的静液压力，循环压降和井口回压）低于地层孔隙压力。该技术能够对储层起到很好的保护作用。

2.3.4 致密气藏开发特征

致密砂岩气藏的开发在许多方面均不同于常规气藏，主要表现为（李士伦等，2004）：

（1）单井控制储量和可采储量小，供气范围小，产量低，递减快，气井稳产条件差；

（2）气井的自然产能低，大多数气井需经加砂压裂和酸化才能获得较高的产量或接近工业气井的标准，投产后的递减率高；

（3）气藏内主力气层采气速度较大，采出程度高，储量动用充分，而非主力气层采气速度低，储量基本未动用，若为长井段多层合采，层间矛盾更加突出；

（4）一般不出现分离的气水接触面，储层的含水饱和度一般为30%~70%，因此井筒积液严重，常给生产带来影响；

（5）气井生产压差大，采气指数小，生产压降大，井口压力低，可供利用的压力资源有限；

（6）由于孔隙结构特征差异大，毛细管压力曲线都为细歪度型，细喉峰非常突出，喉道半径均值很小，使排驱压力很高，也存在着启动压力梯度现象。

第3章 气井产能分析基础理论

本章将介绍与现代气井产能分析方法有关的基础理论，其中包含贯穿本书始终的基本的概念，需要使用到的函数，以及各个因变量的处理方法等。

3.1 Arps 产量递减分析方法

1945 年，Arps 首次将产量递减的规律归纳为指数型、调和型和双曲型三种递减类型。双曲型是它的代表形式，而其他两种则是双曲型递减的特例。这种方法可以称为生产数据分析理论的一个开端。从 Arps 产量递减的方法就能推演出衰减曲线，根据衰减曲线便可以预测未来产量、累计的产量及递减率的变化。

3.1.1 Arps 递减曲线法

当递减指数 b 在 0~1 时，便属于双曲型递减，根据公式（3-1）和公式（3-2）分别预测产气量和累计产气量：

$$q = q_0 + q_i \left[1 - e^{-D_i(t-t_0)} \right] / D_i \qquad (3-1)$$

$$Q = Q_0 + \frac{q_i}{D_i(1-b)} \left\{ 1 - \left[1 + bD_i(t-t_0) \right]^{(b-1)/b} \right\} \qquad (3-2)$$

当递减指数 $b \rightarrow 0$ 的时候，递减率为常数，属于指数递减，可以用公式（3-3）和公式（3-4）来预测未来产气量和累计产气量：

$$q = q_i e^{-D_i(t-t_0)} \qquad (3-3)$$

$$Q = Q_0 + q_i \left[1 - e^{-D_i(t-t_0)} \right] / D_i \qquad (3-4)$$

当 $b=1$ 的时候，又是双曲递减的另一个特例，属于调和递减，其递减率与产量成正比。可以用公式（3-5）和公式（3-6）来预测未来产气量和累计产气量：

$$q = \frac{q_i}{1 + D_i(t-t_0)} \qquad (3-5)$$

$$Q = Q_0 + \frac{q_i}{D_i} \ln \left[1 + D_i(t-t_0) \right] \qquad (3-6)$$

式中　b——递减指数；

　　　t——时间，d；

D_i——初始递减率，d^{-1}；

q_i——初始产量，m^3/d；

Q——累计产气量，m^3；

q_0——参考点的产气量；

Q_0——累计产气量；

t_0——生产时间。

确定了 q_i，D_i，b 便可以得到气井（田）的产量递减规律，进而就可以预测该气井（田）的未来产量了。

3.1.2　Arps 产量递减积分和微分方程

在分析产量的递减规律的时候，如果实际数据很分散，那么就可以通过积分平均的方法来得到比较好的结果。首先需要求得无量纲产量递减公式，这样便容易得到 Arps 产量积分平均的公式。

对于 Arps 产量递减公式，其非常重要的形式就是双曲递减，它的无量纲形式可以表示为（下标 dD 表示该量的无量纲形式）：

$$q_{dD} = q / q_i = (1 + bt_{dD})^{-1/b}, \quad t_{dD} = D(t - t_0) \tag{3-7}$$

由于递减指数的限定，双曲递减简化成指数型和调和型递减方程时，由公式（2-7）可以得到曲线的表现特征，如图 3-1 所示。

对无量纲产量公式进行积分，可以得到无量纲累计产量公式（3-8）：

$$Q_{dD}(t_{dD}) = \int_0^{t_{dD}} q_{dD}(t_{dD}) dt_{dD} = \frac{1}{(1-b)} \left[1 - (1 + bt_{dD})^{(1-1/b)} \right] = \frac{1}{(1-b)} \left(1 - q_{dD}^{1-b} \right) \tag{3-8}$$

根据表达式（3-8），得到无量纲累计产量曲线表现形式，如图 3-2 所示。

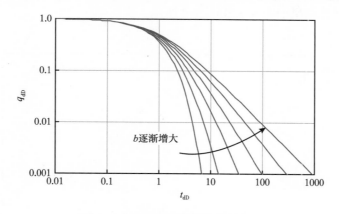

图 3-1　Arps 无量纲产量递减曲线

在无量纲累计产量公式的基础上，利用积分平均的方法求得产量积分平均公式（3-9）：

$$q_{dDi}(t_{dD}) = \frac{1}{t_{dD}} \int_0^{t_{dD}} q_{dD}(t_{dD}) dt_{dD} = \frac{1}{(1-b)t_{dD}} \left[1 - (1 + bt_{dD})^{(1-1/b)} \right] \tag{3-9}$$

在产量积分平均公式的基础上直接进行微分，便得到了产量的微分方程，推导见公式（3-10）：

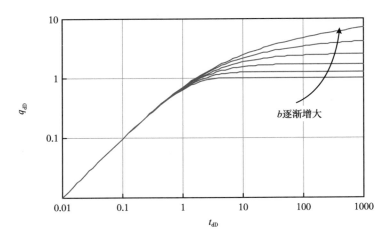

图 3-2　Arps 无量纲累计产量图版

$$q_{dDid}\left(t_{dD}\right) = -\frac{dq_{dDi}\left(t_{dD}\right)}{d\ln t_{dD}} = -\frac{d}{d\ln t_{dD}}\left[\frac{1}{t_{dD}}\int_{0}^{t_{dD}} q_{dD}\left(v\right)dv\right]$$

$$= \frac{1}{t_{dD}}\int_{0}^{t_{dD}} q_{dD}\left(v\right)dv - q_{dD}\left(t_{dD}\right) = q_{dDi}\left(t_{dD}\right) - q_{dD}\left(t_{dD}\right)$$

（3-10）

式中　q_{dDi}——产量的无量纲积分形式；

q_{dDid}——产量的无量纲微分形式。

最后得到的计算结果如图 3-3 和图 3-4 所示。

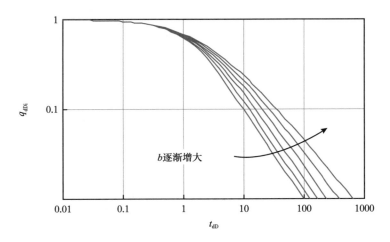

图 3-3　无量纲产量积分曲线

在这里建立 Arps 产量递减积分平均曲线就是要考虑到实际生产数据有时会由于工作制度的影响,不可避免地产生较大的波动,这种波动肯定会影响曲线拟合效果,因此通过对实际生产数据进行积分平均处理,就可以在一定程度上消除这种影响,获得较好的拟合效果。当然,这种方法是通用的,也就是说,可以在其他类型的产量方程中进行积分平均和微分的处理。

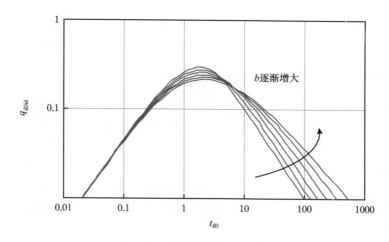

图 3-4　无量纲产量微分曲线

3.1.3　图版分析及优缺点总结

从无量纲产量递减曲线图版中,可以看到指数递减类型的产量递减曲线递减得最快,其次就是双曲递减,产量递减最慢的就是调和递减。在递减阶段开始的时候,这三种类型的递减曲线递减的速度很接近,因此在实际生产过程中,经常使用指数递减来研究问题;在递减的中间时期,一般都与双曲递减的类型接近;在阶段后期,通常都符合调和递减类型。因此,应该看成气井的递减类型不是不变的,自然和人为因素会影响它的转化。所以,工程师们应该根据实际的生产数据资料来进行可靠的判断,以便更好地进行预测。

在用实际生产数据进行分析时,通过典型曲线图版拟合的方法可以确定递减指数、初始递减率、初始递减产量,从而计算可采储量,进行产量预测。Arps 递减曲线法是一种经验方法,它是一种常规的产能分析方法,其优点是直接利用产量数据,不需要储层参数。在分析时要求气井(田)生产时间足够长,能够发现产量递减趋势,适用于分析定井底流压(定压)生产情况。从严格的流动阶段来讲,递减曲线代表的是边界流阶段,不能用于分析生产早期的不稳定流阶段。后来 Fetkovich 等(1987)在 Arps 递减曲线基础上进行了改进,把分析范围扩展到早期不稳定流动阶段。

3.2　现代产量递减分析基础

气井在未受影响前处于平衡状态,而其投产则破坏了这种平衡,引起了压力分布变化,产生了流体的渗流。现代产能分析方法就是以渗流力学为基础,研究流体在地层中的运动状态，从而更深入地进行产量分析。

3.2.1 不稳定流和边界流

对于一个具有边界的封闭气藏，气体从油气储层流入井筒中的过程主要分为不稳定渗流和拟稳态渗流。在流动早期由于压力变化还没有传播到气藏的边界，因此这时产生的是不稳定渗流，相当于气体在无限大的介质中流动。当在某一个时间压力降落到达边界的时候，由于边界对流体的影响，将产生衰竭，表现的形式为地层中的各点压降速度相等，并且能量的消耗速度均匀，此时气井的流动便进入了一个拟稳态的流动，拟稳态流属于边界流。

3.2.2 物质平衡时间函数和拟时间函数

气井的实际生产压力、流量和累计流量等产量数据为气藏的动态开发提供了丰富的基础资料。现代产能分析使用物质平衡时间，物质平衡时间就是为了建立定产量与变产量之间的一种等效关系。在封闭储层中，当流体产生拟稳态渗流的时候，可以利用物质平衡时间将变流量求解的问题转化成定流量的求解问题，这与不稳定试井分析的方法是相通的。转换之后的结果可以清晰地描述流动期的特征，方便分析与判别。尽管这种转换是渐近的，但是随着时间的延续，它的结果会越来越准确，这种精度是符合人们对工程分析的要求的。

一般用到的物质平衡时间定义为累计流量比上井底流量，即：

$$t_{mb} = \frac{Q}{q} = \frac{1}{q}\int_0^t q\mathrm{d}t \qquad (3\text{-}11)$$

式中　t_{mb}——物质平衡拟时间，d；

　　　q——地面标准状况下气井产量，m^3/d；

　　　Q——地面标准状况下气井累计产量，m^3。

由拟稳态流动（即边界控制流动）物质平衡方程所产生的叠加的时间函数，称为拟时间函数。它能够处理天然气的物性在压力变化情况下的改变，这样可以帮助人们对流压数据和气井产量做出有效的评判。Agarwal 等（1999）对气井给出了物质平衡拟时间 t_a 的定义。物质平衡拟时间函数为：

$$t_a = \frac{1}{q(t)}(\mu C_t)_i \int_0^t \frac{q(\tau)}{\mu C_g}\mathrm{d}\tau \qquad (3\text{-}12)$$

对于岩石的压缩系数随着压力变化而变化的气藏，拟时间表现如下：

$$t_a = \frac{1}{q(t)}(\mu C_t)_i \int_0^t \frac{q(\tau)}{\mu C_t}\mathrm{d}\tau \qquad (3\text{-}13)$$

式中　t_a——物质平衡拟时间，d；

　　　μ——气体的黏度，$mPa\cdot s$；

　　　C_g——气体的压缩系数，MPa^{-1}；

　　　$q(t)$——地面标准状况下气井产量，m^3/d；

　　　i——初始状态；

　　　C_t——综合压缩系数，MPa^{-1}。

可以根据实际气井的生产数据，包括产量、流动压力进行分析，使用物质平衡拟时间可以处理随压力变化的气体的物性参数，这样可以产生与定产降压生产相等效的方法。

3.2.3　气体与液体渗流模型的区别与统一

气体和液体之间在渗流过程中的区别主要是气体比液体具有更大的压缩性，不能假设气体是微可压缩的。但是液体渗流研究成果较多，尤其是因为其控制方程由于假设液体是微可压缩的，为线性方程，所以可以通过拉氏变换（Laplace 变换）和 Bessel 函数求解。应该深刻地认识气体渗流的特点，通过找出液体与其他渗流模型的联系，便于将其正确地应用到液体渗流的相应结果中。

微可压缩液体平面径向渗流控制方程及内边界条件如下（CGS 制）：

$$\frac{\partial^2 p}{\partial r^2} + \frac{1}{r}\frac{\partial p}{\partial r} = \frac{1}{\eta}\frac{\partial p}{\partial t},\ \eta = \frac{K}{\varphi\mu c_{\mathrm{t}}} \tag{3-14}$$

$$\left[r\frac{\partial p}{\partial r}\right]_{r \to r_{\mathrm{w}}} = \frac{q\mu B}{2\pi K h} \tag{3-15}$$

因为气体具有强可压缩性，所以压缩因子 Z、黏度 μ_{g}、体积系数 B_{g} 等都是压力的强非线性函数，根据质量守恒方程、Darcy 定律及真实气体状态方程；可得到气体的平面径向渗流控制方程及内边界条件如下（CGS 制）：

$$\frac{1}{r}\frac{\partial}{\partial r}\left[r\frac{p}{\mu_{\mathrm{g}}(p)Z(p)T}\frac{\partial p}{\partial r}\right] = \frac{\varphi\mu_{\mathrm{g}}(p)c_{\mathrm{g}}(p)}{K_{\mathrm{g}}}\left[\frac{p}{\mu_{\mathrm{g}}(p)Z(p)T}\right]\frac{\partial p}{\partial t} \tag{3-16}$$

$$\left(r\frac{\mathrm{d}p}{\mathrm{d}r}\right)_{r=r_{\mathrm{w}}} = \frac{q_{\mathrm{sc}}\mu_{\mathrm{g}}B_{\mathrm{gi}}}{2\pi h K_{\mathrm{g}}}, B_{\mathrm{gi}} = \frac{p_{\mathrm{sc}}}{Z_{\mathrm{sc}}T_{\mathrm{sc}}}\bigg/\frac{p_{\mathrm{i}}}{Z(p_{\mathrm{i}})T_{\mathrm{i}}} \tag{3-17}$$

其中，带角标 sc 的量表示标况下的量，角标 g 表示气相，角标 i 表示初始状态。

在渗流系统温度恒定的条件下，采用 Russell 等（1966）定义的拟压力函数和 Meunier 等（1987）定义的拟时间函数，关系如下：

$$p_{\mathrm{p}}(p) = \frac{\mu_{\mathrm{gi}}Z_{\mathrm{i}}}{p_{\mathrm{i}}}\int_{p_{\mathrm{a}}}^{p}\frac{p}{\mu_{\mathrm{g}}(p)Z(p)}\mathrm{d}p \tag{3-18}$$

$$t_{\mathrm{a}}(t) = \int_{0}^{t}\frac{\mu_{\mathrm{gi}}c_{\mathrm{gi}}}{\mu_{\mathrm{g}}c_{\mathrm{g}}}\mathrm{d}t \tag{3-19}$$

根据 Lee 等的理论推演，则可以使气体等温渗流控制方程及定解条件变为与液体等温渗流控制方程和定解条件对应的参数结果：

$$\frac{1}{r}\frac{\partial}{\partial r}\left[r\frac{\partial p_{\mathrm{p}}(p)}{\partial r}\right] = \frac{\varphi\mu_{\mathrm{gi}}c_{\mathrm{gi}}}{K_{\mathrm{g}}}\frac{\partial p_{\mathrm{p}}(p)}{\partial t_{\mathrm{a}}(t)} \tag{3-20}$$

$$\left[r \frac{\partial p_p(p)}{\partial r} \right]_{r=r_w} = \frac{q_{sc}\mu_{gi}B_{gi}}{2\pi K_g h} \tag{3-21}$$

这样使得气体无量纲压力的定义形式等同于液体渗流情形。

气体渗流：

$$p_D(p) = \frac{2\pi K_g h \left[p_p(p_i) - p_p(p) \right]}{q_{sc}\mu_{gi}B_{gi}} \tag{3-22}$$

液体渗流：

$$p_D = \frac{2\pi K h (p_i - p)}{q\mu B} \tag{3-23}$$

可以看出，使用 Russell 等（1966）定义的拟压力函数和 Meunier 等（1987）定义的拟时间函数，将气体等温渗流控制方程组转变成和液体等温渗流控制方程组参数对应的形式，无量纲定义式一样，形式是线性，这样就可以在气体渗流问题中直接用到液体渗流的成果了。

不过即使使用了拟函数在形式上"消除"气体渗流控制方程组的非线性，却在现实应用过程需要面对到拟函数的转换问题，这便是气体渗流问题的求解过程之所以麻烦的原因之一，主要是由于中间需要用到气体的非线性高压物性参数的变化规律。

3.3　拟稳态渗流问题

对于任意封闭地层，如果压力扰动完全波及到封闭边界，地层将发生拟稳态渗流，井的产量完全来源于地层压力降落引起的流体和岩石膨胀，其特征是地层各处的压力降落速度相同，都等于泄流体内平均压力降落速度。

3.3.1　平均压降速度方程

假设流体空间的密度是 ρ_{gavg}，井底流体的密度是 ρ_{wL}，流体压缩系数是 C_l，地层总体积是 V_R，介质平均厚度是 h，地层渗流面积是 A，油藏平均压力是 p_{gavg}，井底流压是 p_{wf}，根据质量守恒和物质平衡原理得到如下公式：

$$\rho_{avg} = \rho_{wL} \exp\left[c_l (p_{avg} - p_{wf}) \right] \tag{3-24}$$

$$V_R \frac{\mathrm{d}(\phi\rho_{avg})}{\mathrm{d}t} = -q(t)B\rho_{wL} \tag{3-25}$$

将公式展开，推导得到：

$$\frac{\mathrm{d}p_{avg}}{\mathrm{d}t} = -\frac{q(t)B\rho_{wL}}{Ah\phi\rho_{avg}c_t} = -\frac{q(t)B\exp\left[-c_l(p_{avg} - p_w) \right]}{Ah\phi c_t} \approx -\frac{q(t)B}{Ah\phi c_t} \tag{3-26}$$

$$\frac{2\pi Kh\left(p_{i}-p_{avg}\right)}{\mu B} \approx \frac{2\nu K}{A\varphi \mu c_{t}}\int_{0}^{t}q(t)\mathrm{d}t \qquad (3-27)$$

最后变流量的时候:

$$\frac{2\pi Kh\left(p_{i}-p_{avg}\right)}{q(t)\mu B} = \frac{2\pi K}{A\varphi \mu c_{t}}\frac{1}{q(t)}\int_{0}^{t}q(t)\mathrm{d}t = \frac{2\pi K}{A\varphi \mu c_{t}}t_{mb} \qquad (3-28)$$

或者是

$$\frac{\left(p_{i}-p_{avg}\right)}{q(t)} = \frac{1}{c_{t}\left(\varphi Ah/B\right)}\frac{1}{q(t)}\int_{0}^{t}q(t)\mathrm{d}t = \frac{t_{mb}}{c_{t}N} \qquad (3-29)$$

公式中 t_{mb} 如物质平衡时间,N 为单相地质储量。这个公式对任何的封闭系统都成立,具有一定的普遍性,并不依赖于边界形状和井型。

3.3.2   气体平均拟压降速度方程

在温度 T 不变的情况下,运用气体状态方程和压缩系数公式进行推导,其中压缩因子 Z 和气体密度 ρ 是压力的函数,M 为气体的千摩尔质量,推演如下:

$$\rho_{g}(p) = \frac{pM}{Z(p)RT} \qquad (3-30)$$

$$c_{g} = \frac{1}{\rho}\frac{\mathrm{d}\rho}{\mathrm{d}p} = \frac{Z(p)RT}{pM}\frac{\mathrm{d}}{\mathrm{d}p}\left[\frac{pM}{Z(p)RT}\right] = \frac{Z(p)}{p}\frac{\mathrm{d}}{\mathrm{d}p}\left[\frac{p}{Z(p)}\right] \qquad (3-31)$$

$$c_{gavg} = \frac{1}{\rho_{avg}}\frac{\mathrm{d}\rho_{avg}}{\mathrm{d}p_{avg}} = \frac{Z_{avg}}{p_{avg}}\frac{\mathrm{d}}{\mathrm{d}p_{avg}}\left(\frac{p_{avg}}{Z_{avg}}\right) \qquad (3-32)$$

则有:

$$\frac{\mathrm{d}}{\mathrm{d}p_{avg}}\left(\frac{p_{avg}}{Z_{avg}}\right) = \frac{p(p_{avg})}{Z_{avg}}c_{gavg} \qquad (3-33)$$

由物质平衡方程得出:

$$\frac{\mathrm{d}}{\mathrm{d}t}\left(\frac{p_{avg}}{Z_{avg}}\right) = \frac{\mathrm{d}}{\mathrm{d}t}\left[\frac{p_{i}}{Z_{i}}\left(1-\frac{G_{p}}{G}\right)\right], \ \frac{\mathrm{d}}{\mathrm{d}t}\left(\frac{p_{avg}}{Z_{avg}}\right) = -\frac{q_{g}p_{i}}{Z_{i}G} \qquad (3-34)$$

$$q_{g} = \frac{\mathrm{d}G_{p}}{\mathrm{d}t} = -\frac{GZ_{i}}{p_{i}}\frac{\mathrm{d}}{\mathrm{d}t}\left(\frac{p_{avg}}{Z_{avg}}\right) = -\frac{GZ_{i}}{p_{i}}\frac{\mathrm{d}}{\mathrm{d}p_{avg}}\left(\frac{p_{avg}}{Z_{avg}}\right)\frac{\mathrm{d}p_{avg}}{\mathrm{d}t} \qquad (3-35)$$

联立方程得到气体流量公式：

$$q_g = -\frac{GZ_i}{p_i}\frac{p_{avg}}{Z_{avg}}c_{gavg}\frac{\mathrm{d}p_{avg}}{\mathrm{d}t} \tag{3-36}$$

对式（3-36）变形可以得到：

$$\frac{q_g}{\mu_{gavg}c_{gavg}} = -\frac{GZ_i}{p_i}\left(\frac{p_{avg}}{\mu_{gavg}Z_{avg}}\frac{\mathrm{d}p_{avg}}{\mathrm{d}t}\right) \tag{3-37}$$

分离变量积分可以得到：

$$\int_0^t \frac{q_g}{\mu_{gavg}c_{gavg}}\,\mathrm{d}t = -\frac{GZ_i}{p_i}\int_{p_i}^{p_{avg}}\left(\frac{p_{avg}}{\mu_{gavg}Z_{avg}}\mathrm{d}p_{avg}\right) \tag{3-38}$$

式（3-38）两边一起乘以 $\mu_{gi}c_{ti}/q_g(t)$，得到：

$$\frac{\mu_{gi}c_{ti}}{q_g(t)}\int_0^t \frac{q_g}{\mu_{gavg}c_{gavg}}\,\mathrm{d}t = -\frac{Gc_{ti}}{q_g(t)}\frac{\mu_{gi}Z_i}{p_i}\int_{p_i}^{p_{avg}}\left(\frac{p_{avg}}{\mu_{gavg}Z_{avg}}\mathrm{d}p_{avg}\right) \tag{3-39}$$

如果假设 $c_{ti} = c_{gavg}$，由 3.2.3 节提到的 Russell 拟压力和 Meunier 拟时间则可以推导出：

$$t_a = \frac{\mu_{gi}c_{ti}}{q_g(t)}\int_0^t \frac{q_g(t)}{\mu_{gavg}c_{gavg}}\,\mathrm{d}t = \frac{Gc_{ti}}{q_g(t)}\big[m(p_i) - m(p_{avg})\big] \tag{3-40}$$

通过变形得到气体的平均拟压降速度方程：

$$\frac{m(p_i) - m(p_{avg})}{q_g(t)} = \frac{1}{Gc_{ti}}t_a \tag{3-41}$$

式中　G——气井动态储量，m^3；

$\quad\quad G_p$——气井累计产气量，m^3；

$\quad\quad m$——气体拟压力，$MPa^2/(mPa\cdot s)$。

公式（3-41）与之前的平均压降速度方程的形式一样。

3.4　本章小结

首先回顾了经典的 Arps 产能递减分析方法，推导了 Arps 产量递减的积分和积分平均导数方程，并绘制了 Arps 无量纲产量递减曲线、无量纲累计产量递减曲线、无量纲产量递减积分曲线和无量纲产量递减微分曲线图版，根据图版分析曲线的特点并阐述此产能分析方法的优缺点。

其次阐述一些重要的现代产能分析理论的基础，主要针对气藏问题。解释了不稳定流和边界流，以及物质平衡时间和拟时间函数的定义。针对气体渗流的特点，总结了气体和液体渗流模型的区别，并利用拟压力和拟时间函数得到与液体等温渗流控制方程形式一致的气体渗流控制方程，而且无量纲定义的形式也一致。由此可以将液体渗流研究的成果运用到气体渗流问题中去。

最后，推导平均压降速度方程及液体的平均拟压降方程，为气井的产能分析提供了非常重要的理论基础。

第4章 Fetkovich 产量递减分析方法

20世纪80年代初，著名学者 Fetkovich 发表了关于利用典型曲线匹配进行产能分析方法的论文，并在论文中给出了在圆形封闭储层中经过归一化得到的无量纲产量递减的联合图版。这个联合图版的前半部分是基于 Fetkovich 推导的圆形封闭储层井底定压情况下不稳定渗流控制方程的结果得到的，后半部分则是无量纲的 Arps 产量递减曲线。这一图版非常直观地给出了产量递减的规律及泄流边界的影响，它为现代产能分析方法奠定了理论基础。本章将从渗流理论的角度出发，推导 Fetkovich-Arps 联合图版，并通过实例来详细阐述图版的应用。

4.1 模型建立及求解

对于平面径向渗流问题，Fetkovich（1987）重新定义了时间和产量的无量纲量，主要是晚期递减曲线收拢而容易应用，新定义的无量纲时间和产量如下：

$$t_{dD} = \frac{2t_D}{\left(r_{eD}^2 - 1\right)\left(\ln r_{eD} - 3/4\right)} = \alpha_1^2 t_D \tag{4-1}$$

$$q_{dD}\left(t_{dD}\right) = \left(\ln r_{eD} - 3/4\right)q_{wD}\left(t_{dD}\right) = \beta_1 q_{wD}\left(t_{dD}\right) \tag{4-2}$$

式中　α_1——Fetkovich 无量纲产量与 Agarwal-Gardner 无量纲产量比值的算术平方根；

　　　β_1——Fetkovich 无量纲产量与 Agarwal-Gardner 无量纲产量的比值。

圆形封闭储层平面径向渗流的不稳定渗流控制方程、初始条件及边界条件的无量纲形式如下：

$$\frac{\partial^2 p_D}{\partial r_D^2} + \frac{1}{r_D}\frac{\partial p_D}{\partial r_D} = \alpha_1^2 \frac{\partial p_D}{\partial t_{dD}} \tag{4-3}$$

$$p_D\left(r_D, 0\right) = 0, \frac{\partial p_D\left(r_{eD}, t_{dD}\right)}{\partial r_D} = 0 \tag{4-4}$$

$$p_D\left(1, t_{dD}\right) = 1, \beta_1\left(r_D \frac{\partial p_D}{\partial r_D}\right)_{r_D \to 1} = -q_{dD}\left(t_{dD}\right) \tag{4-5}$$

拉氏变换后得到以下公式：

$$\frac{\partial^2 \tilde{p}_D}{\partial r_D^2} + \frac{1}{r_D}\frac{\partial \tilde{p}_D}{\partial r_D} = \alpha_1^2 s\tilde{p}_D \tag{4-6}$$

$$\tilde{p}_D(r_D,0) = 0, \frac{\partial \tilde{p}_D(r_{eD},s)}{\partial r_D} = 0 \tag{4-7}$$

$$\tilde{p}_D(1,s) = 1/s, \beta_1\left(r_D\frac{\partial \tilde{p}_D}{\partial r_D}\right)_{r_D\to1} = -q_D(s) \tag{4-8}$$

求解过程如下：

$$AI_1\left(r_{eD}\alpha_1\sqrt{s}\right) - BK_1\left(r_{eD}\alpha_1\sqrt{s}\right) = 0 \tag{4-9}$$

$$AI_0\left(\alpha_1\sqrt{s}\right) + BK_0\left(\alpha_1\sqrt{s}\right) = 1/s \tag{4-10}$$

$$A = \frac{BK_1\left(r_{eD}\alpha_1\sqrt{s}\right)}{I_1\left(r_{eD}\alpha_1\sqrt{s}\right)} \tag{4-11}$$

$$\frac{BK_1\left(r_{eD}\alpha_1\sqrt{s}\right)}{I_1\left(r_{eD}\alpha_1\sqrt{s}\right)}I_0\left(\alpha_1\sqrt{s}\right) + BK_0\left(\alpha_1\sqrt{s}\right) = \frac{1}{s} \tag{4-12}$$

求得 A，B，$\tilde{p}_D$ 的值分别等于：

$$A = \frac{1}{s}\cdot\frac{K_1\left(r_{eD}\alpha_1\sqrt{s}\right)}{K_1\left(r_{eD}\alpha_1\sqrt{s}\right)I_0\left(\alpha_1\sqrt{s}\right) + I_1\left(r_{eD}\alpha_1\sqrt{s}\right)K_0\left(\alpha_1\sqrt{s}\right)} \tag{4-13}$$

$$B = \frac{1}{s}\cdot\frac{I_1\left(r_{eD}\alpha_1\sqrt{s}\right)}{K_1\left(r_{eD}\alpha_1\sqrt{s}\right)I_0\left(\alpha_1\sqrt{s}\right) + I_1\left(r_{eD}\alpha_1\sqrt{s}\right)K_0\left(\alpha_1\sqrt{s}\right)} \tag{4-14}$$

$$\tilde{p}_D(r_D,s) = \frac{1}{s}\cdot\frac{K_1\left(r_{eD}\alpha_1\sqrt{s}\right)I_0\left(r_D\alpha_1\sqrt{s}\right) + I_1\left(r_{eD}\alpha_1\sqrt{s}\right)K_0\left(r_D\alpha_1\sqrt{s}\right)}{K_1\left(r_{eD}\alpha_1\sqrt{s}\right)I_0\left(\alpha_1\sqrt{s}\right) + I_1\left(r_{eD}\alpha_1\sqrt{s}\right)K_0\left(\alpha_1\sqrt{s}\right)} \tag{4-15}$$

带入公式（4-6）中的内边界条件得到：

$$\tilde{q}_{dD}(s) = \frac{\alpha_1\beta_1}{\sqrt{s}}\frac{K_1\left(\alpha_1\sqrt{s}\right) - I_1\left(\alpha_1\sqrt{s}\right)\dfrac{K_1\left(\alpha_1 r_{eD}\sqrt{s}\right)}{I_1\left(\alpha_1 r_{eD}\sqrt{s}\right)}}{K_0\left(\alpha_1\sqrt{s}\right) + I_0\left(\alpha_1\sqrt{s}\right)\dfrac{K_1\left(\alpha_1 r_{eD}\sqrt{s}\right)}{I_1\left(\alpha_1 r_{eD}\sqrt{s}\right)}} \tag{4-16}$$

反演式（4-16）之后，在流动晚期（$t_D > 25$ 和 $t_D > 0.25r_{eD}^2$）进行简化得到：

$$p_{wD}(t_D) = p_D(1, t_D)$$

$$\approx \frac{2}{r_{eD}^2 - 1}\left(t_D + \frac{1}{4}\right) - \frac{r_{eD}^2 \ln 1}{r_{eD}^2 - 1} - \frac{3r_{eD}^4 - 4r_{eD}^4 \ln r_{eD} - 2r_{eD}^2 - 1}{4(r_{eD}^2 - 1)^2}$$

$$= \frac{2}{r_{eD}^2 - 1}\left(t_D + \frac{1}{4}\right) - \frac{3r_{eD}^4 - 4r_{eD}^4 \ln r_{eD} - 2r_{eD}^2 - 1}{4(r_{eD}^2 - 1)^2} \qquad (4\text{-}17)$$

$$= \frac{2t_D}{r_{eD}^2 - 1} - \frac{3r_{eD}^4 - 4r_{eD}^4 \ln r_{eD} - 4r_{eD}^2 + 1}{4(r_{eD}^2 - 1)^2}$$

再将公式（4-17）简化并进行拉氏变化得到：

$$s\tilde{p}_{wD}(s) = \frac{2}{(r_{eD}^2 - 1)s} - \frac{3r_{eD}^4 - 4r_{eD}^4 \ln r_{eD} - 4r_{eD}^2 + 1}{4(r_{eD}^2 - 1)^2} \qquad (4\text{-}18)$$

晚期产量公式简化为：

$$\tilde{q}_D(s) = \frac{1}{s^2 \tilde{p}_{wD}(s)} = \frac{1}{\dfrac{2}{(r_{eD}^2 - 1) + \dfrac{4r_{eD}^4 \ln r_{eD} - 3r_{eD}^4 + 4r_{eD}^2 - 1}{4(r_{eD}^2 - 1)^2}s}} \qquad (4\text{-}19)$$

$$= \frac{1}{b(a/b + s)}$$

其中

$$a = \frac{2}{(r_{eD}^2 - 1)}, \quad b = \frac{4r_{eD}^4 \ln r_{eD} - 3r_{eD}^4 + 4r_{eD}^2 - 1}{4(r_{eD}^2 - 1)^2} \qquad (4\text{-}20)$$

对其进行反变换，得到实空间的无量纲表达式：

$$q_D(t_D) = \frac{1}{b}e^{-\frac{a}{b}t_D} \qquad (4\text{-}21)$$

整理公式（4-21）：

$$b \cdot q_D(t_D) = e^{-\frac{a}{b}t_D}, \quad b \cdot q_D(t_D) = q_{dD}(t_{dD}), \quad \frac{a}{b}t_D = t_{dD} \qquad (4\text{-}22)$$

则有：

$$q_{dD}(t_{dD}) = \exp(-t_{dD}) \qquad (4\text{-}23)$$

由此，可以发现它与 Arps 的指数递减方程有着相同的形式，这就可以验证 Arps 的经验型方程是有科学依据的，也可以得到 Fetkovich 学者为了晚期归一化而对重新定义的无量纲时间和无量纲产量的依据。

$$Q_{dD}\left(t_{dD}\right)=\int_0^{t_{dD}}q_{dD}\left(t_{dD}\right)dt_{dD}=\cfrac{1}{\left(1-b\right)\left[1-\cfrac{1}{\left(1+bt_{dD}\right)^{(1-b)/b}}\right]} \qquad (4-24)$$

$$\lim_{b\to 0}Q_{dD}\left(t_{dD}\right)=1-\exp\left(-t_{dD}\right) \qquad (4-25)$$

$$\lim_{b\to 1}Q_{dD}\left(t_{dD}\right)=\ln\left(1+t_{dD}\right) \qquad (4-26)$$

根据杜哈美原理和拉氏变化,累计产量为:

$$Q_{dD}\left(s\right)=\frac{1}{s}\tilde{q}_D\left(s\right) \qquad (4-27)$$

最终得到的无量纲产量递减联合图版及无量纲累计产量联合图版如图 4-1 和图 4-2 所示。

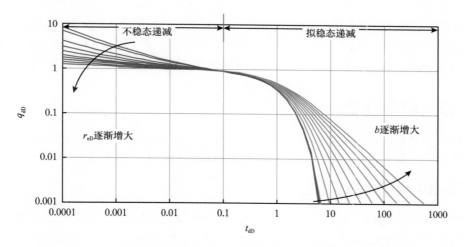

图 4-1　Fetkovich-Arps 联合产量递减图版

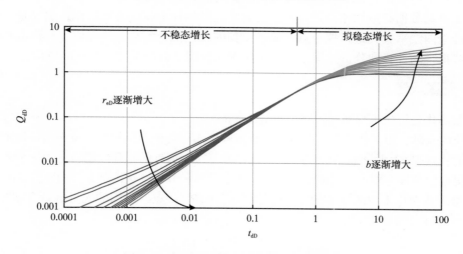

图 4-2　Fetkovich-Arps 联合累计产量图版

4.2 曲线的特征

如图 4-1 所示，Fetkovich-Arps 无量纲产量递减曲线的联合图版分为两个部分。因为圆形封闭储层流动晚期渐近分析的条件是：$t_D > 25$ 和 $t_D > 0.25 r_{eD}^2$，在无量纲时间 t_{dD} 定义下，可以求图版中 Fetkovich 曲线开始进入拟稳态阶段的时间，即当 $t_D=25$ 和 $t_D=0.25 r_{eD}^2$ 的时候，流体渗流进入拟稳态阶段。将 t_D 值代入新的无量纲定义中，得到 $t_{dD}=0.32$。因此，左边（$t_{dD} < 0.32$）是 Fetkovich 无量纲产量递减曲线，是指在圆形封闭储层中的早中期不稳定渗流的阶段，它主要由无量纲泄流半径 r_{eD}^2 控制；右边（$t_{dD} > 0.32$）是 Arps 无量纲产量递减曲线，是指在圆形封闭储层中晚期拟稳态渗流阶段，由递减指数 b 控制。如图 4-1 所示，在图版的前半部分，在相同的无量纲时间的情况下，无量纲产量随着无量纲泄流半径的增加而不断减小，当无量纲泄流半径趋于无穷大的时候，Fetkovich 无量纲递减曲线与 Arps 指数递减曲线重合；而图版的右半部分，随着递减指数 b 的增大，递减曲线向右移动。

而在图 4-2 的无量纲累计产量联合图版中，可以看出曲线的特征。无量纲累计曲线是经过叠加积分得到的曲线。因此，如果知道了实际的生产数据，即产量 $q(t)$ 与延续时间 t，累计产量 $Q(t)$ 与延续时间 t，就能够根据类型曲线匹配的方法来评价储层物性以及井的工作情况。

4.3 曲线拟合方法

现代产能分析方法主要就是将实际生产数据在所得到的类型曲线上进行拟合，从而分析计算得到所需要的物性参数。本节将主要阐述拟合的基本思想和步骤。

4.3.1 典型曲线拟合的基本思想

典型曲线拟合过程应该有两种理解方法：一种方法是将实际的生产数据投影到双对数的无量纲典型曲线的图版中，通过移动纵坐标和横坐标来移动实际有量纲的生产数据点，将其与无量纲曲线进行拟合，以得到最佳的拟合点，从而分析得到需要的结果，这种方法简称为无量纲数据有量纲化；另一种方法就是无量纲理论曲线有量纲化，主要是通过调整无量纲理论曲线来找到最佳拟合点，通过得到的最佳拟合参数，计算相应的物质参数。在类型曲线拟合的计算和分析过程中，应该注重无量纲参数的定义和参数的单位。

4.3.2 无量纲量

无量纲化是解决工程问题的一个非常重要的方法。在公式的推导过程中，π 定理将作为无量纲化的基础，为了使所有的分析与计算能够适用于各种度量尺度，就必须将每个有量纲量（物理量）转化为无量纲量（数学量），这样就将实际遇到的物理问题转化为一个纯数学问题，使得数学物理方程式变得清晰、简单，便于求解和分析，这正是无量纲化的目的。

本章无量纲化采用的是 SI 单位制，根据问题研究特点，所用的无量纲量介绍如下。

无量纲时间的定义：

$$t_D = \frac{(0.0036 \times 24) K_g t}{\phi \mu_{gi} c_{gi} r_w^2} \quad (4-28)$$

$$t_{dD} = \frac{2t_D}{\left(r_{eD}^2 - 1\right)\left(\ln r_{eD} - 3/4\right)} \tag{4-29}$$

$$T_{M0} = \left(\frac{t_D}{t}\right)_{MP} = \frac{\left(0.0036 \times 24\right)K_g}{\phi \mu_{gi} c_{gi} r_w^2} \tag{4-30}$$

$$T_M = \left(\frac{t_{dD}}{t}\right)_{MP} = \frac{2}{\left(r_{eD}^2 - 1\right)\left(\ln r_{eD} - 3/4\right)}\left(\frac{t_D}{t}\right)_{MP} \tag{4-31}$$

式中　t——生产时间，d；

K_g——气体渗透率，mD；

ϕ——储层孔隙度，%；

μ_{gi}——初始状态的气体黏度，mPa·s；

c_{gi}——初始状态的气体压缩因子，MPa^{-1}；

r_w——井筒半径，m；

t_D——Agarwal-Gardner 无量纲时间；

t_{dD}——Fetkovich 无量纲时间；

T_{M0}——Agarwal-Gardner 无量纲时间与实际时间的比值，h^{-1}；

T_M——Fetkovich 无量纲时间与实际时间的比值，h^{-1}；

MP——初始时间趋近于 0。

下角 D，dD，M0，M，MP 在后文中的含义与上述定义相同。

无量纲产量定义：

$$q_D = \frac{18420 q_g \mu_{gi} B_{gi}}{K_g h\left[m\left(p_i\right) - m\left(p_{wf}\right)\right]} \tag{4-32}$$

$$q_{dD}\left(t_{dD}\right) = \left(\ln r_{eD} - 3/4\right)q_D\left(t_D\right) \tag{4-33}$$

$$q_{M0} = \left(\frac{q_g}{q_D}\right)_{MP} = \frac{T}{78.55 K_g h\left[m\left(p_i\right) - m\left(p_{wf}\right)\right]} \tag{4-34}$$

$$q_M = \left(\frac{q_g}{q_{dD}}\right)_{MP} = \left(\ln r_{eD} - 3/4\right)\left(\frac{q_g}{q_D}\right)_{MP} \tag{4-35}$$

式中　q_g——地面标准状况下气井产量，m^3/d；

B_{gi}——初始状态下的气体体积系数，m^3/m^3；

h——地层有效厚度，m；

T——地层平均温度，K；

$m\left(p\right)$——压力函数，$MPa^2/\left(mPa \cdot s\right)$；

p_i——原始地层压力，MPa；

p_{wf}——井筒压力，MPa。

无量纲累计产量定义：

$$Q_D(t_D) = \int_0^{t_D} q_D(\tau)d\tau = \frac{1}{T_{M0}q_{M0}}\int_0^t q_g(\tau)d\tau = \frac{Q_g(t)}{T_{M0}q_{M0}} \tag{4-36}$$

$$Q_{dD}(t_{dD}) = \int_0^{t_{dD}} q_{dD}(\tau)d\tau = \frac{2(\ln r_{eD}-3/4)}{(r_{eD}^2-1)(\ln r_{eD}-3/4)}\int_0^{t_D} q_D(\tau)d\tau = \frac{Q_g(t)}{T_M q_M} \tag{4-37}$$

从 $Q_D(t_D)$ 公式得知，在拟合过程中，累计产量曲线是由横轴和纵轴拟合参数一起控制移动的。

4.3.3 拟合步骤及技巧

利用无量纲图版具体拟合的步骤如下。

（1）首先要在双对数的坐标轴上画出实际的产量曲线和累计产量曲线。其中产量单位是 $10^4 m^3/d$，累计产量单位是 $10^4 m^3$，时间的单位是 d。在画实际生产曲线时一定要注意单体统一。

（2）然后进行曲线的拟合。首先要拟合累计产量曲线，因为累计产量相比产量曲线较为光滑，进而得到了 Arps 的递减指数。如果用早期和中期的数据来进行拟合，则比较困难。因为 Fetkovich 对应的早中期的不稳态渗流阶段得到的图版曲线较为相似，差别很小，用它来进行拟合容易得到多解，而且预测的 Arps 递减曲线也不准确，对以后分析气体生产动态带来很大的困难。

（3）在双对数坐标轴上移动实际的数据点进行拟合，同时也可以调整图版上的参数，选择最佳拟合效果得到拟合参数。如产量拟合参数，时间拟合参数，Arps 递减指数，无量纲泄流半径，再根据计算公式得到相关的参数。具体计算请参见实例分析。

4.4 实例分析

本小节将详细演绎 Fetkovich—Arps 联合递减图版的应用，实例选自 Lee 和 Wattenbarger 的 Gas Reservoir Engineering，通过将实际的生产曲线与理论图版相拟合，最终得到所需要的气井相关参数。

通过实例，来演示 Fetkovich 理论图版的运用及拟合得到参数的过程。实际的生产数据表格和已知参数值如图 4-3 和表 4-1 所示。实例中假设井的经济极限产量是 $849.51m^3/d$。

具体做法如下。

（1）将生产数据投影到图版上，移动累计生产数据的曲线得到最佳拟合位置，拟合的关键是看累计曲线后半部分与 Arps 无量纲产量递减曲线拟合的情况，同时移动产量曲线投影到图版上。当两条线拟合效果较好时，读取数据（图 4-4）。

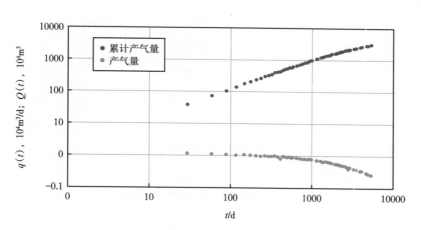

图 4-3　产气量和累计产气量与时间的关系曲线

表 4-1　基础参数表

井筒半径，m	0.12
储层有效厚度，m	10
初始压力，MPa	24.13
井底流压，MPa	3.45
孔隙度，%	0.12
气体相对密度（空气相对密度 =1.0）	0.689
含水饱和度，%	0.34
储层温度，K	355.37
系统初始综合压缩系数，MPa^{-1}	2.2831×10^{-2}
气体初始体积系数，m^3/m^3	1.4557×10^{-4}
气体初始黏度，mPa·s	0.02095

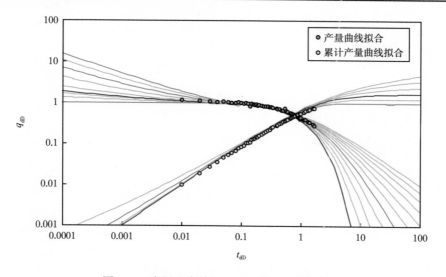

图 4-4　实际生产数据与理论图版拟合效果图

从拟合图版中可以得到的参数：递减指数 $b=0.4$，产量拟合参数 $q_M=1.011\times10^4\mathrm{m^3/d}$，无量纲泄流半径 $r_{eD}=800$，时间拟合参数 $t_M=2950\mathrm{d}$，由 4.3.2 节中的公式，带入已知的数据得到地层渗透率为：

$$K_g=\left[\frac{q_g(t)}{q_{dD}}\right]_{MP}\frac{T\left[\ln(r_e/r_w-3/4)\right]}{78.55h\left[m(p_i)-m(p_{wf})\right]}=0.08(\mathrm{mD})\tag{4-38}$$

（2）当初始时间趋于 0 的时候，井产量应该与产量拟合参数的值是一样的，因此：

$$q_{gi}=\left[\frac{q_g(t)}{q_{dD}}\right]_{MP}=q_M=1.011\left(10^4\mathrm{m^3/d}\right)\tag{4-39}$$

（3）Arps 递减方程的初始递减率 D_i（1/d）：

$$D_i=\left(\frac{t_{dD}}{t}\right)_{MP}=\frac{1}{t_M}=0.000338983\tag{4-40}$$

（4）计算等效泄流半径 r_e（m），泄流面积 A（$\mathrm{m^2}$）：

$$\begin{aligned}Q_{dD}(t_{dD})&=\frac{Q_g(t)}{T_Mq_M}=\frac{(3.6\times24)K_g}{\phi\mu_{gi}c_{gi}r_w^2}\cdot\frac{T}{78.55K_gh\left[m(p_i)-m(p_{wf})\right]}\frac{2Q_g(t)}{(r_{eD}^2-1)}\\&=\frac{2\pi(3.6\times24)K_g}{\phi\mu_{gi}c_{gi}}\cdot\frac{T}{78.55K_gh\left[m(p_i)-m(p_{wf})\right]}\frac{Q_g(t)}{A}\\&=\frac{2\pi(3.6\times24)}{78.55}\frac{Q_g(t)T}{Ah\phi\mu_{gi}c_{ti}\left[m(p_i)-m(p_{wf})\right]}\end{aligned}\tag{4-41}$$

$$A=\frac{2\pi(3.6\times24)}{78.55}\frac{T}{h\phi\mu_{gi}c_{ti}\left[m(p_i)-m(p_{wf})\right]}\left[\frac{Q_g(t)}{Q_{dD}(t_D)}\right]_{MP}=341424.48\left(\mathrm{m^2}\right)\tag{4-42}$$

因为等效泄流半径与泄流面积的关系为：

$$A=\pi\left(r_e^2-r_w^2\right)\tag{4-43}$$

所以得到 $r_e=329.75$（m）。

（5）泄流孔隙体积 V_p（$\mathrm{m^3}$）：

$$V_p=Ah\phi=\frac{2\pi(3.6\times24)}{78.55}\frac{T}{\mu_{gi}c_{ti}\left[m(p_i)-m(p_{wf})\right]}\left[\frac{Q_g(t)}{Q_{dD}(t_D)}\right]_{MP}=399614.1324\left(\mathrm{m^3}\right)\tag{4-44}$$

（6）由储层表皮因子计算公式得到：

$$S_{cA}=\ln\left[\frac{r_w\cdot(r_{eD})_{MP}}{\sqrt{A/\pi}}\right]=-1.31\tag{4-45}$$

（7）初始地质储量：

$$G\left(静态地质储量\right) = \frac{Ah\phi\left(1-S_{\mathrm{w}}\right)}{B_{\mathrm{gi}}} = 49.3\left(10^6\,\mathrm{m}^3\right) \tag{4-46}$$

$$G\left(\mathrm{Arps}拟合计算\right) = \frac{q_{\mathrm{i}}}{D_{\mathrm{i}}\left(1-b\right)} = \frac{10110}{0.000338 \times \left(1-0.4\right)} = 49.85\left(10^6\,\mathrm{m}^3\right) \tag{4-47}$$

（8）通过之前的公式可以确定 Arps 产量递减方程为：

$$q(t) = \frac{q_{\mathrm{i}}}{\left(1+bD_{\mathrm{i}}t\right)^{\frac{1}{b}}} = 10110 \times \left(1+bD_{\mathrm{i}}t\right)^{-2.5} = 10110\left(1+0.000136t\right)^{-2.5} \tag{4-48}$$

通过 Arps 产量递减公式，就可以利用 Arps 的产量递减规律来进行未来气井动态的预测，如果要外推未来 15 年的产量变化，需要从 $t=5840\mathrm{d}$（16 年）进行，以年为时间的单位，得到递减方程：

$$q(t) = 10110\left(1+0.0496t\right)^{-2.5} \tag{4-49}$$

如果假设气井的经济极限产量为 932.11m³/d，可以求出气井的产量寿命是 32 年，最后结合累计产量的经验公式，可以得到最终气井产量为 $G_{\mathrm{p}}(t) = 33.68 \times 10^6\,\mathrm{m}^3$。

4.5　本章小结

本章以圆形封闭储层的不稳定渗流理论为基础，通过渗流理论来演绎了 Fetkovich-Arps 联合产量递减曲线图版的推导过程，通过图版进行曲线的特征分析并介绍了图版的应用和各项参数的详细推导过程。

从联合图版中可以看出，图版的左边（$t_{\mathrm{dD}} < 0.32$）是 Fetkovich 无量纲产量递减曲线，是指在圆形封闭储层中的早中期不稳定渗流的阶段，它主要由无量纲泄流半径 r_{eD} 控制；右边（$t_{\mathrm{dD}} > 0.32$）是 Arps 无量纲产量递减曲线，是指在圆形封闭储层中晚期拟稳态渗流阶段，由递减指数 b 控制。在图版的前半部分，在相同的无量纲时间的情况下，无量纲产量随着无量纲泄流半径的增加而不断减小，当无量纲泄流半径趋于无穷大的时候，Fetkovich 无量纲递减曲线与 Arps 指数递减曲线重合；而图版的右半部分，随着递减指数 b 的增大，递减曲线向右移动。

Fetkovich-Arps 无量纲联合产量递减曲线图版是一个比较老的图版，它考虑了瞬时或无限作用流动状态和封闭边界的拟稳态状。虽然其克服了 Arps 产量递减曲线仅可以应用在拟稳态的实际生产数据这一弱点，它可以计算储量及相关参数，并能够预测生产动态，但其最大的缺点就是只能在井底定压、定表皮系数并且渗透率恒定的情况下使用，不能分析井底变流量、变流压或者经过压裂酸化的井的生产数据。不可否认的是，Fetkovich 产能分析方法开辟了现代产量递减分析的序幕。

第 5 章 Blasingame 产量递减分析方法

由于 Fetkovich 产能分析方法是用在井底定压生产制度中，并且假定渗透率和表皮系数都恒定，这就不能解决当前实际生产情况中井底变流量的问题。而现代产能分析方法使用了物质平衡时间，当封闭的储层中发生了拟稳态渗流时，就能够使用物质平衡时间来较为准确地将变流量的问题转变为定流量的问题。这种求解与经典的不稳定试井分析方法相似，转换后的解式很清晰地表现不同阶段的流动特征，便于识别和分析。使用物质平衡时间的结果可以改变 Fetkovich-Arps 联合产量递减曲线的表现形式，特别是晚期拟稳态的形式。最终得到一种新的产量递减类型曲线图版，称之为 Blasingame 产量递减曲线图版。

Blasingame 递减曲线法的核心就是通过采气指数形式综合表示压力—产量的实际生产数据，引入拟等效时间来屏蔽压力和产量的波动影响，最后把其等效为定流量的实际生产数据。通过典型曲线图版进行拟合。它克服了 Fetkovich-Arps 联合递减曲线分析方法所要求的定井底流压条件，又通过积分平均方法改善数据点的波动，最终保留曲线本质特征，是现代产能分析中最具代表性的方法。本章将从渗流理论出发，阐述 Blasingame 曲线的特征及应用。

5.1 物质平衡时间及应用

外国学者 Agarwal 等（1998）利用无量纲井底定产的压力的倒数来表示产量变化规律。研究中发现用物质平衡时间可以使井底定产的无量纲产量函数与井底定压的无量纲产量函数的值近似，并且这种近似在工程中是允许的。

图 5-1 为不同时间对应的产量递减曲线的对比。粗实线是定产情况下用压力函数的倒数来表示产量趋势的产量递减曲线，细实线是定压情况下的产量递减曲线，方点表示定产情况下用物质平衡时间来修正的压力函数的倒数。本节将介绍物质平衡时间的具体推导及在不同渗流阶段使用物质平衡时间的产量与井底定压得到产量的结果对比。

5.1.1 气体变流量流入动态方程

由不稳定渗流理论可知，若井以常产量生产，对于单相微可压缩流体，在拟稳态阶段有：

$$p_{wD}(t_D) \approx \frac{2t_D}{r_{eD}^2 - 1} + \ln r_{eD} - \frac{3}{4} \tag{5-1}$$

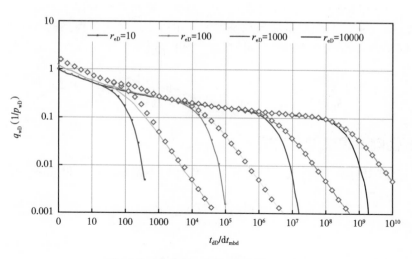

图 5-1　不同时间下的产量趋势对比图

通过式（5-1）可知，式中右端第二项是无量纲的平均地层压力，通过有量纲化，可将式（5-1）近似写成：

$$\frac{2\pi Kh(p_{\mathrm{i}}-p_{\mathrm{wf}})}{q(t)\mu B}=\frac{2\pi Kh(p_{\mathrm{i}}-p_{\mathrm{avg}})}{q(t)\mu B}+\frac{1}{2}\ln\left(\frac{4}{\mathrm{e}^{\gamma}}\frac{A}{C_{\mathrm{A}}r_{\mathrm{w}}^{2}}\right) \tag{5-2}$$

式中　γ——欧拉系数。

联立方程（5-1）与方程（5-2）得到：

$$\frac{2\pi Kh(p_{\mathrm{i}}-p_{\mathrm{wf}})}{q(t)\mu B}=\frac{2\pi K}{A\phi\mu c_{\mathrm{t}}}t_{\mathrm{mb}}+\frac{1}{2}\ln\left(\frac{4}{\mathrm{e}^{\gamma}}\frac{A}{C_{\mathrm{A}}r_{\mathrm{w}}^{2}}\right) \tag{5-3}$$

这里，C_{A} 是 Dietz 形状系数，式（5-3）中包含井底流压和井产量任意变化，表明在拟稳态阶段任意生产方式下拟稳态方程（流压和产量间的关系式）与定产生产方式下拟稳态方程形式一样，只是时间含义不一样。

在有量纲的情况下（单相流体地质储量为 N）：

$$\frac{(p_{\mathrm{i}}-p_{\mathrm{wf}})}{q(t)}=\left(\frac{1}{Nc_{\mathrm{t}}}\right)t_{\mathrm{avg}}+\frac{\mu B}{4\pi Kh}\ln\left(\frac{4}{\mathrm{e}^{\gamma}}\frac{A}{C_{\mathrm{A}}r_{\mathrm{w}}^{2}}\right)=mt_{\mathrm{avg}}+b_{\mathrm{pss}} \tag{5-4}$$

$$N=Ah\phi/B,\ \ m=\frac{1}{Nc_{\mathrm{i}}},\ \ b_{\mathrm{pss}}=\frac{\mu B}{4\pi Kh}\ln\left(\frac{4}{\mathrm{e}^{\gamma}}\frac{A}{C_{\mathrm{A}}r_{\mathrm{w}}^{2}}\right) \tag{5-5}$$

或者

$$\frac{q_{r}}{p_{\mathrm{i}}-p_{\mathrm{wf}}}b_{\mathrm{pss}}=\frac{1}{1+(m/b_{\mathrm{pss}})t_{\mathrm{avg}}} \tag{5-6}$$

学者 Mattar 和 McNei（1998）称式（5-6）为动态物质平衡方程。

公式（5-4）为液体的变流量流入动态方程。由第 2 章第 3 节得到的气体平均压降速度方程，并根据新定义的拟压力和拟时间的定义，可以得到气体的流入动态方程（5-7）：

$$\frac{m(p_i) - m(p_{wf})}{q_g(t)} = \frac{1}{Gc_{ti}}t_a + \frac{\mu_{gi}B_{gi}}{2\pi K_g h}\ln\sqrt{\frac{4A}{e^\gamma C_A}} = \frac{1}{Gc_{ti}}t_a + b_{pss} \qquad (5-7)$$

5.1.2 平面径向不稳态渗流问题

对于圆形封闭储层一口井底定产井，其平面径向不稳态渗流方程如下：

$$\frac{\partial^2 p_D}{\partial r_D^2} + \frac{1}{r_D}\frac{\partial p_D}{\partial r_D} = \frac{\partial p_D}{\partial t_D} \qquad (5-8)$$

$$p_D(r_D, 0) = 0, \quad \frac{\partial p_D(r_{eD}, 0)}{\partial r_D} = 0, \quad \left[r_D\frac{\partial p_D}{\partial r_D}\right]_{r_D \to 1} = -1 \qquad (5-9)$$

无量纲量定义为：

$$p_D(p) = \frac{K_g h\left[p_p(p_i) - p_p(p)\right]}{18420 q_{sc}\mu_{gi}B_{gi}}, \quad t_D = \frac{0.0036 Kt}{\phi\mu_g c_g r_w^2}, \quad r_D = \frac{r}{r_w}$$

通过拉氏变换得到压力分布解式：

$$s\tilde{p}_D(r_D, s) = \frac{1}{\sqrt{s}}\frac{K_0(r_D\sqrt{s})I_1(r_{eD}\sqrt{s}) + K_1(r_{eD}\sqrt{s})I_0(r_D\sqrt{s})}{I_1(r_{eD}\sqrt{s})K_1(\sqrt{s}) - K_1(r_{eD}\sqrt{s})I_1(\sqrt{s})} \qquad (5-10)$$

在令 $r_D = 1$，得到井底无量纲井壁压力，在对数图中表示无量纲井底压力及无量纲井底压力导数，如图 5-2 所示。

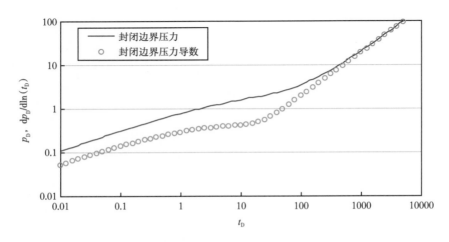

图 5-2　圆形封闭储层的压力和压力导数曲线

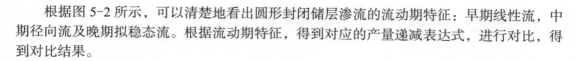

根据图 5-2 所示，可以清楚地看出圆形封闭储层渗流的流动期特征：早期线性流，中期径向流及晚期拟稳态流。根据流动期特征，得到对应的产量递减表达式，进行对比，得到对比结果。

5.1.3　早期线性流分析

对于早期线性流井底定产情况，也就是当 $s > 100$ 时（ $t_D < 0.01$ ），地层压力为：

$$\tilde{p}_D\left(r_D, s\right) = \tilde{p}_{wD}(s) = \frac{1}{s\sqrt{s}} \tag{5-11}$$

经过解析反演便可以得到早期压力分布公式，从公式中可以看出早期为线性渗流：

$$p_D\left(r_D, t_D\right) = p_{wD}\left(t_D\right) = \sqrt{\frac{4t_D}{\pi}} \tag{5-12}$$

按照物质平衡时间转换思想，得到 q_{Dr} 即井底定产情况下的产量递减函数：

$$q_{Dr}\left(t_D\right) = \frac{1}{p_{wD}\left(t_D\right)} = \sqrt{\frac{\pi}{4t_D}} \tag{5-13}$$

井底定压情况下，q_{Dp} 即井底定压情况下的产量函数：

$$q_{Dp}\left(t_D\right) = \frac{1}{\sqrt{\pi t_D}} \tag{5-14}$$

令公式（5-13）和公式（5-14）相等，得到：

$$t_{Dr} = \frac{\pi^2}{4}t_{Dp} \approx 2.46 t_{Dp} \tag{5-15}$$

式（5-15）表明在早期线性渗流阶段，用无量纲井底定压得到的产量可以由无量纲井底定产的压力倒数表示，其无量纲时间相差 2.46 倍。

井底定压的无量纲累计产量公式为：

$$Q_{Dp} = \int_0^{t_{Dp}} \frac{1}{\sqrt{\pi t_D}}\,dt_D = \frac{2\sqrt{t_{Dp}}}{\sqrt{\pi}} \tag{5-16}$$

由无量纲物质平衡时间的定义，可以得到如下公式：

$$t_{mbD} = \frac{Q_{Dp}}{q_{Dp}} = \frac{2\sqrt{t_{Dp}}/\sqrt{\pi}}{1/\sqrt{\pi t_{Dp}}} = 2t_{Dp} \tag{5-17}$$

无量纲物质平衡时间是井底定压的无量纲时间的 2 倍，对比表明，在早期的线性渗流阶段，用物质平衡时间来计算产量还是有些许误差的。

5.1.4　中期径向流分析

当井底定产时，中期即 $0.01 < s < 100/(r_{eD}^2)$ 时（ $100 < t_D < 0.25r_{eD}^2$ ），此时发生径向渗流，压力分布为：

$$\tilde{p}_D(r_D,s) = -\frac{1}{s}\ln\frac{r_D e^{\gamma}\sqrt{s}}{2},\ \gamma = 0.5772156649 \tag{5-18}$$

解析反演得到：

$$p_D(r_D,t_D) = \frac{1}{2}\ln\left(\frac{4t_D}{e^{\gamma}r_D^2}\right) \tag{5-19}$$

按照物质平衡时间转换思想，这时井的产量递减公式为：

$$q_{Dr}(t_D) = \frac{1}{p_{wD}(t_D)} = \frac{2}{\ln(4t_D/e^{\gamma})} \tag{5-20}$$

井底定压情况下，中期径向渗流期的产量函数是：

$$s\tilde{q}_{Dp}(s) = \frac{1}{s\tilde{p}_{wD}(s)} = -\frac{1}{\ln(e^{\gamma}\sqrt{s}/2)} = -\frac{2}{2\ln(e^{\gamma}/2)+\ln s} \tag{5-21}$$

反演得到：

$$q_{Dp}(t_D) = \int_0^{\infty}\frac{(4t_D/e^{2\gamma})^u}{\Gamma(u+1)}du \tag{5-22}$$

$\Gamma(x)$ 是 Gamma 函数，这个函数计算比较麻烦，一般采用近似法解决，根据 Edwardson 等（1962）的论文，井底定压情况下的径向渗流的产量公式如下：

$$q_{Dp}(t_D) = \begin{cases} \dfrac{1}{\sqrt{\pi t_D}}, & t_D<0.001 \\[2mm] \dfrac{26.7544+43.5537t_D^{0.5}+13.3813t_D+0.492949t_D^{1.5}}{47.421t_D^{0.5}+35.3272t_D+2.60967t_D^{1.5}}, & 0.001<t_D<200 \\[2mm] \dfrac{3.90086+2.02623t_D(\ln t_D-1)}{t_D(\ln t_D)^2}, & 200<t_D<5000 \\[2mm] \dfrac{2}{\ln t_D+0.80907}, & t_D>5000 \end{cases} \tag{5-23}$$

公式（5-21）可以直接计算平面径向渗流阶段的无量纲产量，计算结果表明与用物质平衡时间进行转换相比虽然有误差，但是误差逐渐减小。

5.1.5　晚期拟稳态流动分析

在渗流晚期 $t_D > 25$ 和 $t_D > 0.25r_{eD}^2$ 条件下，储层进入了拟稳态阶段，压力分布表达

式为:

$$p_D\left(r_D,t_D\right)\approx\frac{2}{r_{eD}^2-1}\left(t_D+\frac{r_D^2}{4}\right)-\frac{r_{eD}^2\ln r_D}{r_{eD}^2-1}-\frac{3r_{eD}^4-4r_{eD}^4\ln r_{eD}-2r_{eD}^2-1}{4\left(r_{eD}^2-1\right)^2}\tag{5-24}$$

当无量纲井径为 1 时,井壁压力为:

$$p_{wD}\left(t_D\right)\approx\frac{2t_D}{r_{eD}^2-1}+\frac{4r_{eD}^2-3r_{eD}^4+4r_{eD}^4\ln r_{eD}-1}{4\left(r_{eD}^2-1\right)^2}\approx\frac{2t_D}{r_{eD}^2-1}+\ln r_{eD}-\frac{3}{4}\tag{5-25}$$

按照物质平衡时间转换思想,井的产量函数为:

$$q_{Dr}\left(t_D\right)=\frac{1}{p_{wD}\left(t_D\right)}=\frac{1}{2t_D/\left(r_{eD}^2-1\right)+\ln r_{eD}-3/4}\tag{5-26}$$

$$\left(\ln r_{eD}-3/4\right)q_{Dr}\left(t_D\right)=\frac{1}{2/\left[\left(\ln r_{eD}-3/4\right)\left(r_{eD}^2-1\right)\right]t_D+1}=\frac{1}{1+t_{dD}}\tag{5-27}$$

在井底定压情况下,晚期井底产量函数:

$$s\tilde{q}_{Dp}\left(s\right)=\frac{1}{s\tilde{p}_{wD}\left(s\right)}=\frac{1}{2/\left[s\left(r_{eD}^2-1\right)\right]+\ln r_{eD}-3/4}\tag{5-28}$$

反演得到:

$$q_{Dp}\left(t_D\right)=\frac{1}{\ln r_{eD}-3/4}\exp\left[-\frac{2t_D}{\left(r_{eD}^2-1\right)\left(\ln r_{eD}-3/4\right)}\right]\tag{5-29}$$

当公式(5-26)和公式(5-28)相等时,则有:

$$t_{Dr}=\frac{\left(r_{eD}^2-1\right)\left(\ln r_{eD}-3/4\right)}{2}\left\{\exp\left[\frac{2t_{Dp}}{\left(r_{eD}^2-1\right)\left(\ln r_{eD}-3/4\right)}\right]-1\right\}\tag{5-30}$$

式(5-30)隐含了两种过程等效的时间转换关系。

在晚期拟稳态渗流阶段,无量纲井底定压的累计产量为:

$$\begin{aligned}Q_{Dp}&=\frac{1}{\ln r_{eD}-3/4}\int_0^{t_{Dp}}\exp\left[-\frac{2t_D}{\left(r_{eD}^2-1\right)\left(\ln r_{eD}-3/4\right)}\right]dt_D\\&=\frac{r_{eD}^2-1}{2}\left\{1-\exp\left[-\frac{2t_D}{\left(r_{eD}^2-1\right)\left(\ln r_{eD}-3/4\right)}\right]\right\}\end{aligned}\tag{5-31}$$

由无量纲物质平衡时间的定义得到:

$$t_{mbD} = \frac{Q_{Dp}}{q_{Dp}} = \frac{\dfrac{r_{eD}^2 - 1}{2}\left\{1 - \exp\left[-\dfrac{2t_{Dp}}{\left(r_{eD}^2 - 1\right)\left(\ln r_{eD} - 3/4\right)}\right]\right\}}{\dfrac{1}{\ln r_{eD} - 3/4}\exp\left[-\dfrac{2t_{Dp}}{\left(r_{eD}^2 - 1\right)\left(\ln r_{eD} - 3/4\right)}\right]}$$

$$= \frac{\left(r_{eD}^2 - 1\right)\left(\ln r_{eD} - 3/4\right)}{2}\left\{\exp\left[-\frac{2t_{Dp}}{\left(r_{eD}^2 - 1\right)\left(\ln r_{eD} - 3/4\right)}\right] - 1\right\}$$

（5-32）

由公式（5-32）可知在晚期拟稳态阶段，用物质平衡时间进行的转换，得到的结果是较为精确的。图 5-1 也可以清楚地看出三个渗流阶段得到的无量纲产量函数的精确度。因此，只要得到了井底定产的无量纲压力函数的倒数，就可以得到无量纲井底定压的产量函数，此时时间为无量纲的物质平衡时间。

5.2 Blasingame 产量递减曲线分析

使用物质平衡时间和物质平衡拟时间可以解决井底变流量变流压的问题，本小节将按照 Fetkovich 重新定义无量纲量可以收拢曲线的做法，定义：

$$t_{dD} = \frac{2t_D}{\left(r_{eD}^2 - 1\right)\left(\ln r_{eD} - 3/4\right)} = \alpha_1^2 t_D$$

（5-33）

$$q_{dD}\left(t_{dD}\right) = \left(\ln r_{eD} - 3/4\right)/p_{wD}\left(t_{dD}\right) = \beta_1/p_{wD}\left(t_{dD}\right)$$

（5-34）

5.2.1 数学模型建立及推导

在圆形封闭储层中，井底定产的不稳态渗流控制方程为：

$$\frac{\partial^2 p_D}{\partial r_D^2} + \frac{1}{r_D}\frac{\partial p_D}{\partial r_D} = \alpha_1^2 \frac{\partial p_D}{\partial t_{dD}}$$

（5-35）

$$p_D(r_D, 0) = 0$$

（5-36）

$$\frac{\partial p_D\left(r_{eD}, t_{dD}\right)}{\partial r_D} = 0$$

（5-37）

$$\left(r_D \frac{\partial p_D}{\partial r_D}\right)_{r_D \to 1} = -1$$

（5-38）

通过拉氏变换及求解可以得到井壁压力及产量：

$$p_{wD}(s) = \frac{1}{s\sqrt{\alpha_1 s}}\frac{K_0\left(\sqrt{\alpha_1 s}\right)I_1\left(r_{eD}\sqrt{\alpha_1 s}\right) + K_1\left(r_{eD}\sqrt{\alpha_1 s}\right)I_0\left(\sqrt{\alpha_1 s}\right)}{I_1\left(r_{eD}\sqrt{\alpha_1 s}\right)K_1\left(\sqrt{\alpha_1 s}\right) - K_1\left(r_{eD}\sqrt{\alpha_1 s}\right)I_1\left(\sqrt{\alpha_1 s}\right)}$$

（5-39）

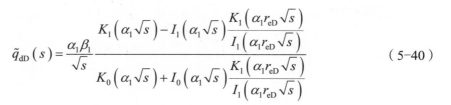

$$\tilde{q}_{dD}(s) = \frac{\alpha_1 \beta_1}{\sqrt{s}} \frac{K_1(\alpha_1 \sqrt{s}) - I_1(\alpha_1 \sqrt{s}) \dfrac{K_1(\alpha_1 r_{eD} \sqrt{s})}{I_1(\alpha_1 r_{eD} \sqrt{s})}}{K_0(\alpha_1 \sqrt{s}) + I_0(\alpha_1 \sqrt{s}) \dfrac{K_1(\alpha_1 r_{eD} \sqrt{s})}{I_1(\alpha_1 r_{eD} \sqrt{s})}} \tag{5-40}$$

对应的无量纲产量公式为：

$$q_{dD}(t_{dD}) = \frac{\beta_1}{p_{wD}(t_{dD})} = \frac{\beta_1}{L^{-1}[\tilde{p}_{wD}(s)]} \tag{5-41}$$

通过反演可以得到无量纲的产量递减曲线，如图 5-3 所示。

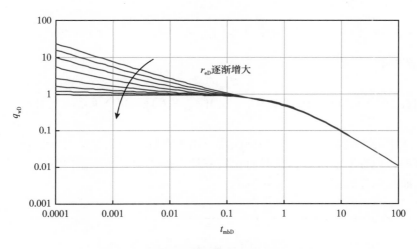

图 5-3　Blasingame 无量纲产量递减曲线

5.2.2　产量递减积分平均曲线

可以将已得到的无量纲产量递减曲线规整化得到压力无量纲产量积分曲线和求导形式，这样可以提高曲线分析的精度，无量纲产量的积分平均公式为：

$$q_{idD}(t_{dD}) = \frac{1}{t_{dD}} \int_0^{t_{dD}} q_{dD}(v) dv \tag{5-42}$$

在已知井壁压力的情况下，采用数值计算积分平均的方法为：

$$q_{idD}(t_{dD}) = \frac{\beta_1}{t_{dD}} \int_{t_{mbDi+1}}^{t_{dDi+1}} \frac{1}{p_{wD}(t_{dD})} dv \tag{5-43}$$

$$I(t) = \frac{1}{t} \int_0^t f(t) dt, \quad tI(t) = \int_0^t f(t) dt \tag{5-44}$$

对于离散数据点 $t_1 < t_2 < \cdots < t_N$，将上述公式做如下分解：

$$tI(t) = \int_0^{t_1} f(t)\mathrm{d}t + \int_{t_1}^{t_N} f(t)\mathrm{d}t = I_1 + I_2 \qquad (5\text{-}45)$$

$$I_1(t_1) = \sqrt{\frac{\pi}{t_1}} \qquad (5\text{-}46)$$

应用梯形法能够得到：

$$I_2(t_N) = \int_{t_1}^{t_N} f(t)\mathrm{d}t = \sum_{i=1}^{N-1} \int_{t_i}^{t_{i+1}} f(t)\mathrm{d}t \qquad (5\text{-}47)$$

在小区间（t_i, f_i）和（t_{i+1}, f_{i+1}）进行线性插值：

$$f(t) = f_i + d_i(t - t_i), \; d_i = (f_{i+1} - f_i)/(t_{i+1} - t_i), \; t_i \leqslant t \leqslant t_{i+1} \qquad (5\text{-}48)$$

代入式（5-47）后得：

$$I_2(t_N) = \sum_{i=1}^{N-1}[f_i(t_{i+1} - t_i) + 0.5(t_{i+1} - t_i)(f_{i+1} - f_i)] = 0.5\sum_{i=1}^{N-1}(f_{i+1} + f_i)(t_{i+1} - t_i) \qquad (5\text{-}49)$$

通过上述推导得到无量纲产量积分曲线，由于在程序中设定的时间步长是一样的，所以求导很容易，但在对实际数据求导时比较麻烦，需要用到移动窗口算法。无量纲产量递减积分平均曲线和导数曲线如图 5-4 所示。

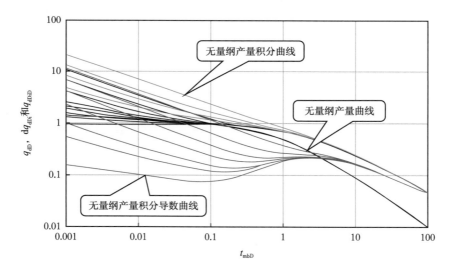

图 5-4　Blasingame 无量纲产量递减积分平均曲线和导数曲线

5.2.3　曲线特征分析

从图 5-3 的无量纲产量递减曲线图版中可以看出 Blasingame 的递减曲线在流动早期

的不稳态渗流过程中，当无量纲泄流半径 r_{eD} 取值不一样时，其得到的曲线也不一样，当到达封闭地层的边界时，这组由无量纲泄流半径控制的曲线汇聚成一条调和递减曲线。由无量纲产量递减曲线图版可知：该曲线分为三段，第一段为开井初期的不稳定流动阶段，这个阶段的生产数据表示流体还没有受到边界影响，相当于在无限大的地层中流动，边界对流动不产生任何影响，无量纲产量主要受无量纲泄流半径控制，当无量纲泄流半径逐渐增加，无量纲的产量递减曲线会向下移动，通过这个时期的曲线可以获得近井地带的相关信息，比如有效渗透率和表皮系数等物性参数；第二段即过渡段，一般很少有生产数据点相对应，主要由于这个流动期较短，该段为不稳定渗流阶段向拟稳态渗流控制阶段的过渡部分；第三阶段是拟稳态渗流阶段，也就是压力扰动完全波及到边界，即压降传播到达边界并对流动产生影响的阶段，其产量完全来源于岩石和流体由于压力降落而引起的膨胀，各点压力降落速度相同，通过该阶段分析可以计算推导得到井控制动态储量及泄油半径等所需参数。

　　无量纲产量递减曲线图版通过对无量纲产量积分后求导的形式，可以得到更为平滑的导数曲线，便于判断。在实际推导过程中能够看出，由于产量积分的结果对早期产生的数据点的误差较为敏感，当早期产生的数据点存在一个很小的误差都将会使导数曲线产生相对很大的累积误差。根据现场数据及实验室得到的数据，应用已得到的图版可以进行实际数据拟合。利用无量纲产量递减曲线和无量纲产量积分曲线及导数曲线进行拟合可以得到储层相关的物性。通过下一节拟合方法和实例分析来详细阐述拟合及参数计算过程。

5.3　拟合方法及实例分析

5.3.1　拟合方法及步骤

　　根据分析可知，由于 Blasingame 可以解决变流量和变流压的实际生产数据，因此它改进了 Fetkovich 产量曲线要求井底恒压的苛刻条件。而且 Blasingame 的产量递减积分平均曲线具有非常好的光滑性，可以帮助准确地选择拟合点，提高计算精度。Blasingame 产量递减曲线的横坐标是物质平衡时间，表达式为：

$$t_a = \frac{1}{q_g(t)} \int_0^t \frac{\mu_{gi} c_{ti}}{\mu_{gavg} c_{gavg}} q_g(\tau) \mathrm{d}\tau \tag{5-50}$$

式中　t——物质平衡拟时间，d；

　　　μ_{gi}——初始状态的气体的黏度，mPa·s；

　　　c_{ti}——初始状态的综合压缩因子，MPa^{-1}；

　　　μ_{gavg}——气体的平均黏度，mPa·s；

　　　c_{gavg}——气体平均压缩因子，MPa^{-1}；

　　　q_g——地面标准状况下气井产量，m^3/d。

　　Blasingame 产量递减曲线的纵坐标是：

$$q_d(t_a) = \frac{q_g}{m(p_i) - m(p_{wf})} \tag{5-51}$$

式中 $m(p)$——拟压力函数，MPa^2（mPa·s）。

Blasingame 产量积分平均递减曲线的纵坐标是：

$$q_{id}(t_a) = \frac{1}{t_a}\int_0^{t_a} \frac{q_g}{m(p_i)-m(p_{wf})}dt_a \tag{5-52}$$

Blasingame 产量积分平均递减曲线的导数曲线的纵坐标是：

$$q_{idid} = -\frac{d}{d\ln t_a}\left[\frac{1}{t_a}\int_0^{t_a}\frac{q_g}{m(p_i)-m(p_{wf})}dt_a\right] \tag{5-53}$$

其中，需要注意的是：产量递减曲线、产量递减积分平均曲线和产量递减积分平均求导曲线的纵坐标的单位都是一致的。

利用无量纲图版具体拟合的步骤如下。

（1）首先需要在双对数的坐标轴上画出被拟合的产量递减曲线、产量递减积分平均曲线和产量递减积分平均求导曲线。其中产量单位是 $10^4\text{m}^3/\text{d}$，时间的单位是 d。在画实际生产曲线时一定要注意单位统一。

（2）然后进行曲线的拟合。首先要拟合产量递减积分平均曲线，因为产量递减积分平均曲线比产量曲线更为光滑，需要注意的是，主要用产量递减积分平均曲线的中后部进行拟合，以产量曲线和产量积分平均求导曲线为辅，从而得到所需要的无量纲泄流半径。

（3）在双对数坐标轴上移动实际的数据点进行拟合，同时也可以调整图版上的参数，选择最佳拟合效果得到拟合参数。如产量拟合参数、时间拟合参数、无量纲的泄流半径，再根据以下的计算公式得到相关的参数。

计算井控地质储量公式为［将 $q_d(t_a)$ 换成 $q_{id}(t_a)$ 也可］：

$$G_i(10^4\text{m}^3) = \frac{1}{c_{ti}}\left(\frac{t_a}{t_{dD}}\right)_{MP}\left[\frac{q_d(t_a)}{q_D}\right]_{MP} \tag{5-54}$$

计算地层渗透率公式如下［将 $q_d(t_a)$ 换成 $q_{id}(t_a)$ 也可］：

$$K_g(\text{mD}) = \frac{18420\mu_{gi}B_{gi}}{h}(\ln r_{eD}-3/4)\left[\frac{q_d(t_a)}{q_D}\right]_{MP} \tag{5-55}$$

计算单井的泄流面积公式为：

$$A(\text{km}^2) = \frac{0.01G_iB_{gi}}{\phi(1-S_{wi})h} \tag{5-56}$$

计算泄流半径的公式为：

$$r_e(\text{m}) = 1000\sqrt{A/\pi} \tag{5-57}$$

计算有效井筒半径公式为：

$$r_{wa}(\text{m}) = \frac{r_e}{r_{eD}} \tag{5-58}$$

计算拟表皮因子公式为：

$$S = -\ln\left(r_{wa} / r_w\right) \tag{5-59}$$

这里，下标 MP 表示拟合参数。

5.3.2　物质平衡拟时间的计算方法

在实际应用中，物质平衡拟时间的计算是一个相当复杂的过程。已知井底流压、日产量、累计产量，可以通过以下地质储量迭代的方法求得。

（1）当有气体组分数据可以求得气体的相对密度，通过不同时间计算压力，进一步利用天然气相关参数与压力的关系求表 5-1 中的数据。

表 5-1　所求数据列表

时间	压力	压缩因子	气体黏度	p/Z	拟压力
$t_1=0$	$p_1=p_i$	$Z_1=Z_i$	$\mu_{g1}=\mu_{gi}$	$p_1/Z_1=p_i/Z_i$	$m(p_1)=m(p_i)$
t_2	p_2	Z_2	μ_{g2}	p_2/Z_2	$m(p_2)$
…	…	…	…	…	…
t_N	p_N	Z_N	μ_{gN}	p_N/Z_N	$m(p_N)$

根据表 5-1，通过内插方法得到所需要的参数。

（2）通过容积法估算原始地质储量 G^0（为地面值）：

$$G^0 = V_R \phi S_{gi} / B_{gi} \tag{5-60}$$

（3）求出对应时间的累计产气量 $G_p(t)$，然后根据下面的公式得到 $\dfrac{p_{avg}}{Z_{avg}}$，再根据 p — p/Z 确定 p_{avg}：

$$\frac{p_{avg}}{Z_{avg}} = \frac{p_i}{Z_i}\left(1 - \frac{G_p}{G^0}\right) \tag{5-61}$$

（4）计算平均压力对应的物质平衡拟压力 $p_p(p)$，可以通过 $p_p(p)$ 计算物质平衡拟时间：

$$q_g(t)t_a = G^0 c_{ti}\left[m(p_i) - m(p_{avg})\right] \tag{5-62}$$

（5）利用 5.1.1 节推导的动态物质平衡方程式：

$$\frac{q_g(t)}{m(p_i) - m(p_{wf})} = -\frac{1}{b_{pss}G_i}\frac{q_g(t)t_a}{c_t\left[m(p_i) - m(p_{wf})\right]} + \frac{1}{b_{pss}} \tag{5-63}$$

求直线斜率和截距，确定原始地质储量（地面值）。

（6）如果不满足 $|G-G^0| < \varepsilon$，则 $G^0=G$，再从第（3）步循环计算，一直到满足精度为止。

5.3.3 实例分析

本小节将通过实例来演示 Blasingame 理论图版的运用及拟合得到参数的过程。已知气井的基础参数见表 5-2。

表 5-2 基础参数表

储层有效厚度, m	6.6
井筒半径, m	0.07
储层温度, K	434.75
气体相对密度（空气相对密度 =1.0）	0.65
含水饱和度, %	45
孔隙度, %	10
气体初始黏度, mPa·s	0.02095

由第 3 章介绍的物质平衡拟时间定义，对实际生产的时间进行处理，将其变成物质平衡拟时间。如图 5-5 所示，横坐标为物质平衡拟时间，纵坐标为实际产量和实际产量的导数，三角形代表实际产量递减曲线，菱形代表实际产量递减积分平均曲线，正方形代表实际产量递减积分平均求导曲线。

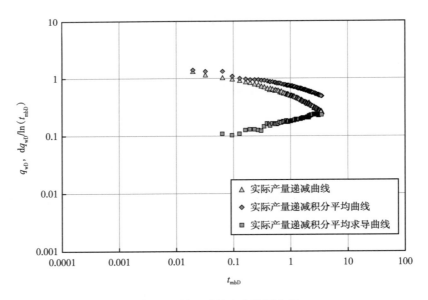

图 5-5 处理后的生产数据曲线

将处理后的生产数据曲线投影到 Blasingame 理论图版上，可以得到产量拟合参数 q_M，时间拟合参数 t_M 及无量纲泄流半径 r_{eD}。根据 5.3.2 节的图版拟合步骤能够得到相关的参数。数据拟合效果图及最终算出的参数表如图 5-6 和表 5-3 所示。

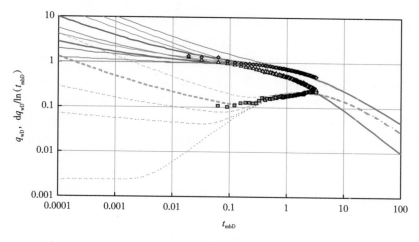

图 5-6　实际生产数据与理论图版拟合效果图

表 5-3　典型曲线分析结果

参数名称	分析结果（单位）
无量纲泄流半径 r_{eD}	50
时间拟合参数 t_M	10（d）
产量拟合参数 q_M	0.24（$10^4\mathrm{m}^3$/d）
储层渗透率 K_g	0.101476（mD）
有效井筒半径	1.0086（m）
形状表皮因子 S	−4.97043
等效泄流半径 r_e	50.43131（m）
泄流面积 A	0.007986（km^2）
OGIP	107.3171（m^3）

5.4　本章小结

本章首先从物质平衡时间的意义入手，推导出物质平衡时间和物质平衡拟时间的表达式。由 5.1 节可知物质平衡时间是用不稳定试井典型曲线的无量纲井底压力曲线的倒数来表示产量的变化规律，其中时间应该为无量纲的物质平衡时间。根据不稳态渗流的分析可知，从早期线性流阶段、中期径向流阶段到晚期的拟稳态流阶段，用无量纲物质平衡时间得到的井底定产的无量纲压力的倒数与井底定压的无量纲流量误差逐渐减小。因此，可以用井底定产的无量纲渗流控制方程来得到井底定压时候的产量，其横轴为无量纲的物质平衡时间。

其次，本章逐步推导了圆形封闭储层井底定产情况下的无量纲不稳态渗流控制方程，在应用无量纲物质平衡时间的基础上得到了三个系列的曲线：无量纲产量递减曲线、无量纲产量递减积分平均曲线及无量纲产量递减积分平均求导曲线。这三个系列的曲线组成了Blasingame产量递减图版。根据图版，本章还详细分析了曲线的特征。

最后，根据求得的无量纲产量递减曲线图版，用实际的生产数据点进行拟合，在拟合的过程中，首先需要注意拟合区间和单位统一的问题。与Fetkovich-Arps联合图版相比，无量纲的Blasingame曲线图版是现代产能分析中非常具有代表性的方法，它考虑到了井底流动压力的变化和产量，以及气体PVT性质随压力变化的因素。用此图版可以解释以下几种井型：普通直井径向模型、普通直井裂缝模型、水平井模型、水驱模型等模型。

第6章 无限导流垂直裂缝井
产量递减分析

　　水力压裂始于20世纪40年代，由于在得克萨斯油田的一口压裂井取得成功后，压裂措施就越来越多地应用于现场中，大型的水力压裂开始于20世纪80年代的初期。图6-1给出的就是美国历年的压裂井的完井数。有数据表明，25%~30%的石油储量是通过压裂措施得到的，美国大约有40%的油井，70%的气井会经过水力压裂投产，而全球范围内，60%的油井经过压裂而增产，气井大约为80%。（Economides和Oligney，2002）。

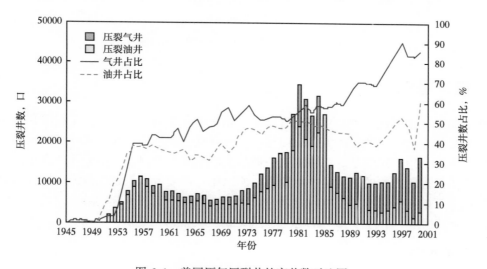

图6-1　美国历年压裂井的完井数对比图

　　在我国，水力压裂的工艺措施越来越受到人们的重视。例如辽河油田自从1971年开展第一口压裂试验井以来，水力压裂技术经历了大约30年的时间。到2003年的6月，辽河油田已经压裂了4000多口井，累计增产原油488.1406×10⁴t，目前已经有了自己的一套适合不同地层和储层的水力压裂工艺技术。图6-2就是辽河油田每年的水力压裂的井数及增油量。

　　实践发现，压裂后的产能对于压裂经济评估是非常重要的，它同样也是压裂优化设计的基础。国内很多气井都需要经过压裂才能得到工业产能。对于致密气藏来讲，通过不同规模的压裂可以得到两种类型的裂缝：一种是具有无限导流能力的裂缝，而另一种则是具有有限导流能力的裂缝。在进行大规模的水力压裂工艺后，将会产生无限导流的裂缝。由于无限导流垂直裂缝的影响，使井底的渗流模式发生了很大的变化。因此，本章主要针对无限导流裂缝的气井，分析压裂后的地层渗流特征，给出无限导流裂缝解，编程实现 Fetkovich-Arps 图版，最后通过实例进行产能分析评价。

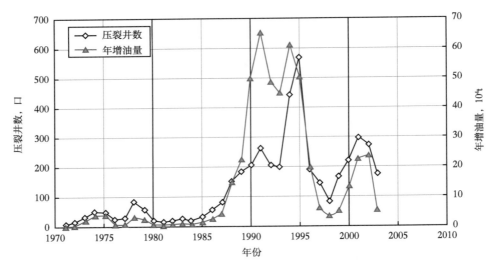

图 6-2　辽河油田水力压裂井数及增油量

6.1　理论基础

在不稳态的渗流理论中，点源或者点汇是相对于介质而言的。点汇是指多孔介质中存在某一个数学点，一定数量的流体流向这一点并在这一点消失，即介质外存在采出。与之相反的是点源，指一定数量的流体由这一数学点产生并扩散出去，即介质外存在注入。由于通常的渗流控制方程的解满足叠加原理，所以用点源或者点汇解决渗流问题很有效，求解点源或点汇的压力分布是基本问题之一。由于点源与点汇所引起的数学问题求解时具有等价性（流量相差一个符号），所以按习惯将之通称为点源问题。

6.1.1　点源和线源

点源函数的思想起源于 19 世纪下半叶的热传导理论，在 20 世纪 30 年代被物理学家广泛使用。点源的方法就是应用格林函数方法求解不定常问题。由于多孔介质中流体的渗流和固体中的热传导在数学模型上相似，所以通过类比，可将关于热传导的许多研究成果直接引入渗流力学中。Gringarten 等（1973）对于点源函数方法有过详细的推广和说明，其结果对研究不稳定压力分析方面产生了深远的影响。求解了点源问题解后，一般沿积分路径再做线性积分，可求得线源的相应解式。

6.1.2　直线瞬时点源函数

在无限大均质地层中，初始时刻压力分布均匀、扩散系数为 η_z，考虑有一强度恒为 q_0（单位长度流量）的无限长直线汇（比如无限长垂直裂缝），在 $t=0$ 时刻发生一维单相不稳定线性渗流，控制方程组给出如下：

$$\frac{\partial^2 \Delta p}{\partial s^2} = \frac{1}{\eta_s}\frac{\partial p}{\partial t} \tag{6-1}$$

$$\Delta p(t=0,z)=0; \Delta p(t,z\to+\infty)=0; \left.\frac{\partial \Delta p}{\partial z}\right|_{z=z_w}=-\frac{q_0\mu}{2K_z}\delta(t) \tag{6-2}$$

这里规定 $\delta(t)$ 函数有如下性质：

$$\int_0^\infty \delta(t-t_0)f(t)\mathrm{d}t = f(t_0) \tag{6-3}$$

式（6-1）和式（6-2）经过拉氏变换可以变为：

$$\frac{\partial^2 \Delta \tilde{p}}{\partial z^2} = \frac{s}{\eta_z}\Delta\tilde{p}; \ \Delta\tilde{p}(s,z\to+\infty)=0; \left.\frac{\partial \Delta \tilde{p}}{\partial z}\right|_{z=z_w}=-\frac{q_0\mu}{2K_z} \tag{6-4}$$

考虑到边界条件，显然变换后的控制方程组有如下解式：

$$\Delta\tilde{p}=\frac{q_0\mu}{K_z}\sqrt{\frac{\eta_z}{s}}\exp\left[-(z-z_w)\sqrt{\frac{s}{\eta_z}}\right] \tag{6-5}$$

经过拉氏变换可以得到：

$$\Delta p(z,t)=\frac{1}{\phi c_t}\frac{q_0}{2\sqrt{\pi\eta_z t}}\exp\left[\frac{-(z-z_w)^2}{4\eta_z t}\right], L^{-1}\left[\frac{1}{\sqrt{s}}e^{-c\sqrt{s}}\right]=\frac{1}{\sqrt{\pi t}}\exp\left(-\frac{c^2}{4t}\right); c\geqslant0 \tag{6-6}$$

当 $q_0=c_t$，有瞬时的 Green 源函数：

$$G(z,t)=\frac{1}{2\sqrt{\pi\eta_z t}}\exp\left[\frac{-(z-z_w)^2}{4\eta_z t}\right] \tag{6-7}$$

由式（6-7）可以看出在不稳定渗流场中 Green 函数的意义为压降速度。
对于持续点源可由同样的方法或者 Duhamel 原理得到：

$$\Delta p(z,t)=\frac{1}{\phi c_t}\int_0^t q(t-\tau)G_z(z,t)\mathrm{d}\tau \tag{6-8}$$

式（6-8）是一个用 Green 源函数求解持续点源不定常渗流问题的通式。

6.1.3　平面瞬时点源函数

在平面无限大的均质地层中，初始时刻压力分布均匀，扩散系数为 η_r，考虑有一强度恒为 q_0（单位厚度流量）平面瞬时点汇，在 $t=0$ 时刻发生一维不稳定径向渗流，取极坐标系，将平面点汇表示为一个半径很小的小圆，压力扰动传播满足下列方程组：

$$\frac{1}{r}\frac{\partial}{\partial r}\left(r\frac{\partial \Delta p}{\partial r}\right)=\frac{1}{\eta_r}\frac{\partial \Delta p}{\partial t} \tag{6-9}$$

$$\lim_{\varepsilon \to 0^+} \frac{2\pi K_r}{\mu}\left(r\frac{\partial \Delta p}{\partial r}\right) = -q_0 \delta(t) \tag{6-10}$$

$$\Delta p(t=0,r)=0; \ \Delta p(t,r\to\infty)=0 \tag{6-11}$$

对公式（6-9）进行拉氏变换可以得到以下的公式：

$$\frac{1}{r}\frac{\partial}{\partial r}\left(r\frac{\partial \Delta \tilde{p}}{\partial r}\right)=\frac{1}{\eta}\frac{\partial \Delta \tilde{p}}{\partial t} \tag{6-12}$$

$$\Delta \tilde{p}(r\to 0)=0 \tag{6-13}$$

$$\lim_{\varepsilon \to 0^+} \frac{2\pi K_r}{\mu}\left(r\frac{\partial \Delta \tilde{p}}{\partial r}\right)_{r=\varepsilon} = -q_0 \tag{6-14}$$

可以得到：

$$\Delta \tilde{p}(r,s)=\frac{q_0\mu}{2\pi K_r}K_0\left(r\sqrt{\frac{s}{\eta_r}}\right) \tag{6-15}$$

$$\Delta p(r,t)=\frac{q_0\mu}{4\pi K_r t}\exp\left(-\frac{r^2}{4\eta_r t}\right), L^{-1}\left[K_0\left(|c|\frac{1}{\sqrt{s}}\right)\right]=\frac{1}{2t}\exp\left(-\frac{c^2}{4t}\right); \ c>0 \tag{6-16}$$

相同地，当 $q_0=c_t$ 有瞬时的 Green 源函数：

$$G_r(r,t)=\frac{1}{4\pi \eta_r t}\exp\left(\frac{-r^2}{4\eta_r t}\right) \tag{6-17}$$

在各向同性条件下，式（6-17）可以分解为：

$$\begin{aligned} G_r(r,t)&=\frac{1}{4\pi \eta_r t}\exp\left(\frac{-r^2}{4\eta_r t}\right)=G_x(x,t)G_y(y,t)\\ &=\frac{1}{2\sqrt{\pi \eta_x t}}\exp\left[\frac{-(x-x_w)^2}{4\eta_x t}\right]\frac{1}{2\sqrt{\pi \eta_y t}}\exp\left[\frac{-(y-y_w)^2}{4\eta_y t}\right]\end{aligned} \tag{6-18}$$

由式（6-18）可以看出二维渗流问题可以看成是两个一维的渗流问题。
对于平面持续点源，通过积分得到（$Q=q_0 h$）：

$$\Delta p(z,t)=\frac{q_0\mu}{4\pi K}\int_0^t \frac{1}{\tau}\exp\left(\frac{-r^2}{4\eta_r t}\right)d\tau=\frac{Q\mu}{4\pi Kh}\int_\infty^{r^2/4\eta t}\frac{e^{-v}}{v}dv=\frac{Q\mu}{4\pi Kh}Ei\left(-\frac{r^2}{4\eta t}\right) \tag{6-19}$$

式（6-19）便是 Bolzmann 变换得到的解式。

6.2　无限导流垂直裂缝 Fetkovich-Arps 产能分析方法

垂直裂缝气井的产能分析方法主要就是将实际生产数据在所得到的类型曲线上进行拟合，从而分析计算得到所需要的物性参数。本节将主要阐述无限导流垂直裂缝的 Fetkovich-Arps 图版的应用，以及通过实例来详细阐述分析的过程。

6.2.1　无限导流垂直裂缝井压力特征

Gringarten（1974）得到无限大地层的垂直裂缝井的压力分布解式为：

$$2p_D\left(x_D,0,t_D\right)=\sqrt{\pi t_D}\left(\operatorname{erf} m+\operatorname{erf} n\right)+\sqrt{t_D}\left\{m\left[-\operatorname{Ei}\left(-m^2\right)\right]+n\left[-\operatorname{Ei}\left(-n^2\right)\right]\right\} \quad (6\text{-}20)$$

其中：

$$m=\frac{1+x_D}{2\sqrt{t_D}},\ n=\frac{1-x_D}{2\sqrt{t_D}} \quad (6\text{-}21)$$

Gringarten 在文献中指出在 $x_D=0.738$ 的时候，裂缝中的渗流可忽略压力的损失，所以当 $x_D=0.738$ 的时候可得到高导流能力的压力曲线分布图，如图 6-3 所示。

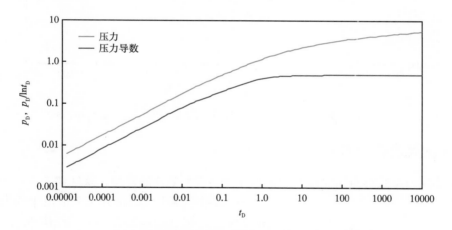

图 6-3　无限大地层垂直裂缝井压力分布及压力导数曲线

学者 T.A.Blasingame（Blasingame 和 Poe，1993）得到了实时域下的点汇压力的渐进公式：

$$p_D\left(t_D,r_D,r_{eD}\right)=-\frac{1}{2}\operatorname{Ei}\left(-\frac{r_D^2}{4t_D}\right)+\frac{1}{2}\operatorname{Ei}\left(-\frac{r_{eD}^2}{4t_D}\right)+\left(\frac{2t_D}{r_{eD}^2}+\frac{r_D^2}{2r_{eD}^2}-\frac{1}{4}\right)\exp\left(-\frac{r_{eD}^2}{4t_D}\right) \quad (6\text{-}22)$$

由无限大地层的无限导流垂直裂缝井的压力分布解式，可以推导出圆形封闭储层下的无限导流裂缝井的压力分布解式：

$$2p_D(x_D,0,t_D) = \sqrt{\pi t_D}(\operatorname{erf} m + \operatorname{erf} n) + \sqrt{t_D}\left\{m\left[-\operatorname{Ei}(-m^2)\right] + n\left[-\operatorname{Ei}(-n^2)\right]\right\}$$
$$+ \frac{1}{2}\operatorname{Ei}\left(-\frac{r_{eD}^2}{4t_D}\right) + \exp\left(-\frac{r_{eD}^2}{4t_D}\right)\left\{\frac{2t_D}{r_{eD}^2} + \frac{1}{12r_{eD}^2}\left[(x_D+1)^3 - (x_D-1)^3\right] - \frac{1}{4}\right\} \quad (6-23)$$

其中：

$$m = \frac{1+x_D}{2\sqrt{t_D}}, \ n = \frac{1-x_D}{2\sqrt{t_D}} \quad (6-24)$$

由图 6-4 可以看出在圆形封闭的储层中，因为有封闭边界的影响，所以与无限大地层的垂直裂缝井压力及压力导数分布的区别主要是在晚期。随着 r_{eD} 的逐渐增大，边界对流动的影响越小，曲线越晚出现上翘的现象，当无量纲泄流半径趋于 500 时，曲线的表现特征与无限大地层垂直裂缝井的井底压力及压力导数表现特征越来越接近。

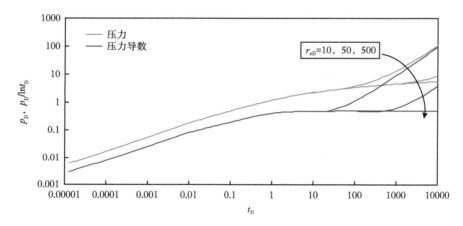

图 6-4　圆形封闭储层垂直裂缝井压力分布及压力导数曲线

6.2.2　无限导流裂缝的渗流模型建立

首先建立一个圆形封闭储层下的无限导流垂直裂缝井的模型，条件如下：

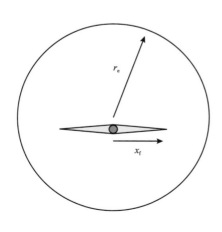

一口无限导流垂直裂缝井位于泄流半径为 r_e 的均质等厚储层，储层的渗透率为 K，孔隙度为 ϕ，井位于圆形的封闭储层中心处，从井中采出微可压缩的单相流体，此流体的黏度为常量 μ，在地层中发生等温的 Darcy 渗流并且产量为定值，在渗流过程中不计毛细管力和重力。裂缝是一个以井轴线为中心的长度假设为 $2x_f$ 的垂直裂缝，其流体在裂缝中流动时不计压力损失，即此裂缝为无限导流能力的裂缝。由于封闭储层的泄流面积远远大于裂缝长度，如果将裂缝想象成一个不计压力损失的直线汇，便可以将直线汇中的点源抽象为圆心来对待，如图 6-5 所示。

图 6-5　圆形储层垂直裂缝平面图

点源的无量纲渗流控制方程如下：

$$\frac{\partial^2 p_D}{\partial r_D^2} + \frac{1}{r_D}\frac{\partial p_D}{\partial r_D} = \frac{\partial p_D}{\partial t_D} \tag{6-25}$$

$$p_D\left(r_D,0\right) = 0 \tag{6-26}$$

$$\frac{\partial p_D\left(r_{eD},t_{dD}\right)}{\partial r_D} = 0 \tag{6-27}$$

$$\left(r_D\frac{\partial p_D}{\partial r_D}\right)_{r_D \to 1} = -1 \tag{6-28}$$

通过 Laplace 变换并求解可以得到井壁的压力表达式，如下：

$$\tilde{p}_D\left(s\right) = \frac{1}{s}\frac{K_1\left(r_{eD}\sqrt{\alpha_1 s}\right)}{I_1\left(r_{eD}\sqrt{\alpha_1 s}\right)}I_0\left(r_D\sqrt{s}\right) + \frac{1}{s}K_0\left(r_D\sqrt{s}\right) \tag{6-29}$$

经过对压力进行处理，叠加之后就能够解出压裂气井的井壁压力分布公式，推导过程如下：

$$\tilde{p}_D\left(x_D,y_D,\alpha_D,s\right)$$
$$= \frac{1}{2}\int_{-1}^{1}\left\{\frac{1}{s}\frac{K_1\left(r_{eD}\sqrt{s}\right)}{I_1\left(r_{eD}\sqrt{s}\right)}I_0\left[\sqrt{\left(x_D - \alpha_D\right)^2 + y_D^2}\sqrt{s}\right] + \frac{1}{s}K_0\left[\sqrt{\left(x_D - \alpha_D\right)^2 + y_D^2}\sqrt{s}\right]\right\}d\alpha_D \tag{6-30}$$
$$= \frac{1}{2s}\frac{K_1\left(r_{eD}\sqrt{s}\right)}{I_1\left(r_{eD}\sqrt{s}\right)}\int_{-1}^{1}I_0\left[\sqrt{\left(x_D - \alpha_D\right)^2 + y_D^2}\sqrt{s}\right] + \frac{1}{2s}\int_{-1}^{1}K_0\left[\sqrt{\left(x_D - \alpha_D\right)^2 + y_D^2}\sqrt{s}\right]d\alpha_D$$

当 Laplace 空间下的压力分布公式中 $y_D=0$ 的时候，可以得到如下推导结果：

$$\tilde{p}_{wD}\left(\alpha_D,s\right)$$
$$= \frac{1}{2s}\frac{K_1\left(r_{eD}\sqrt{s}\right)}{I_1\left(r_{eD}\sqrt{s}\right)}\int_{-1}^{1}I_0\left[\sqrt{\left(x_D - \alpha_D\right)^2 + 0^2}\sqrt{s}\right] + \frac{1}{2s}\int_{-1}^{1}K_0\left[\sqrt{\left(x_D - \alpha_D\right)^2 + 0^2}\sqrt{s}\right]d\alpha_D$$
$$= \frac{1}{2s}\frac{K_1\left(r_{eD}\sqrt{s}\right)}{I_1\left(r_{eD}\sqrt{s}\right)}\int_{-1}^{1}I_0\left[\sqrt{\left(x_D - \alpha_D\right)^2}\sqrt{s}\right] + \frac{1}{2s}\int_{-1}^{1}K_0\left[\sqrt{\left(x_D - \alpha_D\right)^2}\sqrt{s}\right]d\alpha_D \tag{6-31}$$
$$= \frac{1}{2s}\frac{K_1\left(r_{eD}\sqrt{s}\right)}{I_1\left(r_{eD}\sqrt{s}\right)}\frac{1}{\sqrt{s}}\left\{I_{i1}\left[\left(1+\alpha_D\right)\sqrt{s}\right] + I_{i1}\left[\left(1-\alpha_D\right)\sqrt{s}\right]\right\}$$
$$+ \frac{1}{2s}\frac{1}{\sqrt{s}}\left\{\pi - K_{i1}\left[\left(1+\alpha_D\right)\sqrt{s}\right] - K_{i1}\left[\left(1-\alpha_D\right)\sqrt{s}\right]\right\}$$

公式（6-31）中，I_{i1}，K_{i1} 被称为变形的 Bessel 函数，表达式如下：

$$I_{i1}\left(x\right) = \int_0^x I_0\left(u\right)du \tag{6-32}$$

$$K_{i1}(x)=\frac{\pi}{2}-\int_0^x K_0(u)\mathrm{d}u \tag{6-33}$$

在 Gringarten（1974）的文献中，可以查到当 $\alpha_D=0.738$ 的时候，得到的就是高导流能力的压力解，由衣军（2010）的研究结果可知均匀流量的垂直裂缝与无限导流垂直裂缝的井壁压力曲线非常相似，并且均匀流量的裂缝井的压力曲线比无限导流裂缝压力曲线更为平滑，因此本节采用均匀流量模型，其压力曲线表达式如下：

$$s\tilde{p}_{wD}(x_D,s)$$
$$=\frac{1}{4}\left\{\int_{-1}^1\int_{-1}^1 K_0\left[\sqrt{(x_D-\alpha)^2}\sqrt{s}\right]\mathrm{d}\alpha\mathrm{d}x_D+\frac{K_1(r_{eD}\sqrt{s})}{I_1(r_{eD}\sqrt{s})}\int_{-1}^1\int_{-1}^1 I_0\left[\sqrt{(x_D-\alpha)^2}\sqrt{s}\right]\mathrm{d}\alpha\mathrm{d}x_D\right\}$$
$$=\frac{1}{\sqrt{s}}\left\{\frac{\pi}{2}-K_{i1}(2\sqrt{s})+K_1(2\sqrt{s})-\frac{1}{2\sqrt{s}}+\frac{K_1(r_{eD}\sqrt{s})}{I_1(r_{eD}\sqrt{s})}\left[I_{i1}(2\sqrt{s})-I_1(2\sqrt{s})\right]\right\} \tag{6-34}$$

在 Laplace 空间中可知井底定压的产量与井底定产的压力的乘积符合以下关系式：

$$\tilde{p}_{wD}(s)\tilde{q}_{wD}(s)=\frac{1}{s^2} \tag{6-35}$$

因此 Laplace 空间下无量纲产量的表达式为：

$$\tilde{q}_{wD}(s)=\frac{1}{s^2\tilde{p}_{wD}(s)} \tag{6-36}$$

累计产量的表达式为：

$$Q_D(s)=\frac{1}{s}\tilde{q}_D(s) \tag{6-37}$$

当流体到达封闭边界，即到达晚期（$t_D>25$，$t_D>0.25r_{eD}^2$）产生拟稳态流的时候，对于如下 Bessel 函数有近似的表达式：

$$I_0(x)=1+\frac{x^2}{4}+\frac{x^4}{64}+o(x^6) \tag{6-38}$$

$$K_0(x)=-\left(\ln\frac{x}{2}+\gamma\right)+\frac{x^2}{4}\left[1-\left(\gamma+\ln\frac{x}{2}\right)\right]+\frac{x^4}{64}\left[3-\left(\gamma+\ln\frac{x}{2}\right)\right]+o(x^6\ln x) \tag{6-39}$$

$$K_1(x)=\frac{1}{x}\left[1+\frac{x^2}{2}\left(\ln\frac{x}{2}+\gamma-\frac{1}{2}\right)\right]+o(x^3\ln x) \tag{6-40}$$

$$I_1(x)=\frac{x}{2}+\frac{x^3}{16}+o(x^4) \tag{6-41}$$

$$I_{i1}(x) = \int_0^x \left(1 + \frac{u^2}{4} + \frac{u^4}{64}\right) \mathrm{d}u = \left(u + \frac{u^3}{12} + \frac{u^5}{320}\right)\Big|_0^x \tag{6-42}$$

$$K_{i1}(x) = \frac{\pi}{2} - \int_0^x K_0(u)\mathrm{d}u = \frac{\pi}{2} - x\left(1 - \gamma - \ln\frac{x}{2}\right) + \frac{x^3}{12}\left(\frac{4}{3} - \gamma - \ln\frac{x}{2}\right) + o(x^5) \tag{6-43}$$

$$\frac{1}{x}\int_0^x K_0(u)\mathrm{d}u = \left(1 - \gamma - \ln\frac{x}{2}\right) + \frac{x^2}{12}\left(\frac{4}{3} - \gamma - \ln\frac{x}{2}\right) + o(x^4) \tag{6-44}$$

其中
$$\gamma = 0.5772 \tag{6-45}$$

通过以上公式对无限导流裂缝的 Laplace 空间下的井壁压力的表达式进行渐近分析，得到的结果如下：

$$s\tilde{p}_{\mathrm{wD}}(s) = \frac{2}{r_{\mathrm{eD}}^2 s} + \ln\frac{r_{\mathrm{eD}}^2}{2} + \frac{3}{4} \tag{6-46}$$

晚期产量公式简化为：

$$\begin{aligned}
\tilde{q}_{\mathrm{D}}(s) &= \frac{1}{s^2 \tilde{p}_{\mathrm{wD}}(s)} = \frac{1}{s\left(\dfrac{2}{r_{\mathrm{eD}}^2 s} + \ln\dfrac{r_{\mathrm{eD}}}{2} + \dfrac{3}{4}\right)} \\
&= \frac{1}{\dfrac{2}{r_{\mathrm{eD}}^2} + \left(\ln\dfrac{r_{\mathrm{eD}}}{2} + \dfrac{3}{4}\right)s} = \frac{1}{a + bs}
\end{aligned} \tag{6-47}$$

其中
$$a = \frac{2}{r_{\mathrm{eD}}^2}, \quad b = \ln\frac{r_{\mathrm{eD}}}{2} + \frac{3}{4} \tag{6-48}$$

对式（6-47）其进行反演，得到实空间的无量纲表达式：

$$q_{\mathrm{D}}(t_{\mathrm{D}}) = \frac{1}{b}\mathrm{e}^{-\frac{a}{b}t_{\mathrm{D}}} \tag{6-49}$$

整理公式（6-49）：

$$b \cdot q_{\mathrm{D}}(t_{\mathrm{D}}) = \mathrm{e}^{-\frac{a}{b}t_{\mathrm{D}}} \tag{6-50}$$

$$b \cdot q_{\mathrm{D}}(t_{\mathrm{D}}) = q_{\mathrm{dD}}(t_{\mathrm{dD}}), \quad \frac{a}{b}t_{\mathrm{D}} = t_{\mathrm{dD}} \tag{6-51}$$

则有：

$$q_{\mathrm{dD}}(t_{\mathrm{dD}}) = \exp(-t_{\mathrm{dD}}) \tag{6-52}$$

由此可以发现它与 Arps 的指数递减方程有着相同的形式，这就可以验证 Arps 的经验型方程是有科学依据的。由第 4 章归一化的原理可以推导出无限导流垂直裂缝无量纲时间和无量纲产量的重新定义：

$$t_{dD} = \frac{2t_D}{r_{eD}^2\left(\ln\dfrac{r_{eD}}{2}+3/4\right)} = \alpha_1^2 t_D \qquad (6\text{-}53)$$

$$q_{dD}(t_{dD}) = \left(\ln\frac{r_{eD}}{2}+3/4\right)q_{wD}(t_{dD}) = \beta_1 q_{wD}(t_{dD}) \qquad (6\text{-}40)$$

式中 α_1——Fetkovich 无量纲产量与 Agarwal-Gardner 无量纲产量比值的算术平方根；

β_1——Fetkovich 无量纲产量与 Agarwal-Gardner 无量纲产量的比值。

根据重新定义的无量纲时间和无量纲产量，就能够得到 Fetkovich 晚期归一化的曲线，再根据对无量纲产量的晚期渐近公式，最终可以得到无限导流垂直裂缝下的 Fetkovich-Arps 的图版。

对于累计产量曲线，推导公式如下：

$$Q_{dD}(t_{dD}) = \int_0^{t_{dD}} q_{dD}(t_{dD})\mathrm{d}t_{dD} = \frac{1}{(1-b)\left[1-\dfrac{1}{(1+bt_{dD})^{(1-b)/b}}\right]} \qquad (6\text{-}55)$$

$$\lim_{b\to 0}Q_{dD}(t_{dD}) = 1-\exp(-t_{dD}) \qquad (6\text{-}56)$$

$$\lim_{b\to 1}Q_{dD}(t_{dD}) = \ln(1+t_{dD}) \qquad (6\text{-}57)$$

根据杜哈美原理和拉氏变换，累计产量为：

$$Q_{dD}(s) = \frac{1}{s}\tilde{q}_D(s) \qquad (6\text{-}58)$$

最终得到的无量纲产量递减联合图版及无量纲累计产量联合图版如图 6-6 和图 6-7 所示。

6.2.3 曲线的特征

从图 6-6 和图 6-7 中可以发现无限导流垂直裂缝井的产能分析图版和普通直井的图版很相似，但是需要注意的是它们在相同时间下产量是不一样的，即产量在时间上存在差异。

如图 6-6 所示，Fetkovich-Arps 无量纲产量递减曲线的联合图版分为两个部分。因为圆形封闭储层流动晚期渐近分析的条件是：$t_D > 25$ 和 $t_D > 0.25r_{eD}^2$，在无量纲时间 t_{dD} 定义下，可以求得图版中 Fetkovich 曲线开始进入拟稳态阶段的时间，即当 t_D=25 和 t_D=0.25r_{eD}^2 的时候，流体渗流进入拟稳态阶段。将 t_D 值代入新的无量纲定义中，得到 t_{dD}=0.22。因此左边（$t_{dD} < 0.22$）是 Fetkovich 无量纲产量递减曲线，是指在圆形封闭储层中的早中期不稳定渗

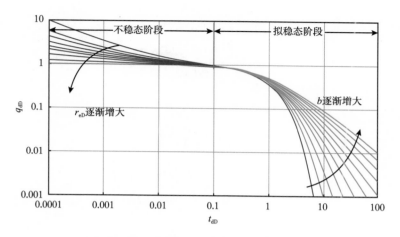

图 6-6　Fetkovich-Arps 联合产量递减图版

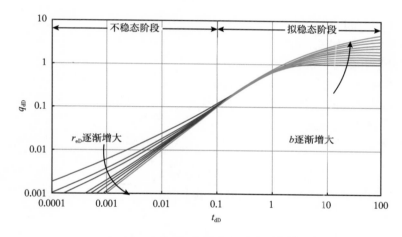

图 6-7　Fetkovich-Arps 联合累计产量图版

流的阶段，它主要由无量纲泄流半径 r_{eD} 控制；右边（$t_{dD} > 0.22$）是 Arps 无量纲产量递减曲线，是指在圆形封闭储层中晚期拟稳态渗流阶段，由递减指数 b 控制。如图 6-6 所示，在图版的前半部分，在相同的无量纲时间的情况下，无量纲产量随着无量纲泄流半径的增加而不断减小，当无量纲泄流半径趋于无穷大的时候，Fetkovich 无量纲递减曲线与 Arps 指数递减曲线重合；而图版的右半部分，随着递减指数 b 的增大，递减曲线向右移动。

　　而在图 6-7 的无量纲累计产量联合图版中，可以看出曲线的特征。无量纲累计曲线是经过叠加积分得到的曲线。因此，如果知道了实际的生产数据，即流量 $q(t)$ 与延续时间 t、累计流量 $Q(t)$ 与延续时间 t，就能够根据类型曲线匹配的方法来评价储层物性及井的工作情况。

6.2.4　实例分析

6.2.4.1　无量纲量

　　无量纲的定义在第 4 章已经说明，在本章针对压裂气井模型，所对应的无量纲的定义有很大的变化，其表达式将在本小节中给出。

无量纲时间的定义：

$$t_D = \frac{(0.0036 \times 24)K_g t}{\phi \mu_{gi} c_{ti} x_f^2} \qquad (6-59)$$

$$t_{dD} = \frac{2t_D}{r_{eD}^2 \left(\ln \dfrac{r_{eD}}{2} + 3/4 \right)} \qquad (6-60)$$

$$T_{M0} = \left(\frac{t_D}{t} \right)_{MP} = \frac{(0.0036 \times 24)K_g}{\phi \mu_{gi} c_{ti} x_f^2} \qquad (6-61)$$

$$T_M = \left(\frac{t_{dD}}{t} \right)_{MP} = \frac{2}{r_{eD}^2 (\ln r_{eD} + 3/4)} \left(\frac{t_D}{t} \right)_{MP} \qquad (6-62)$$

式中　　t——生产时间，d；

$\quad\quad K_g$——气体渗透率，mD；

$\quad\quad \phi$——储层孔隙度，%；

$\quad\quad \mu_{gi}$——初始状态的气体的黏度，mPa·s；

$\quad\quad c_{ti}$——初始状态的综合压缩因子，MPa^{-1}；

$\quad\quad x_f$——裂缝半长，m。

无量纲产量定义：

$$q_D = \frac{18420 q_g \mu_{gi} B_{gi}}{K_g h [m(p_i) - m(p_{wf})]} \qquad (6-63)$$

$$q_{dD}(t_{dD}) = \left(\ln \frac{r_{eD}}{2} + 3/4 \right) q_D(t_D) \qquad (6-64)$$

$$q_{M0} = \left(\frac{q_g}{q_D} \right)_{MP} = \frac{18420 \mu_{gi} B_{gi}}{K_g h [m(p_i) - m(p_{wf})]} \qquad (6-65)$$

$$q_M = \left(\frac{q_g}{q_{dD}} \right)_{MP} = \left(\ln \frac{r_{eD}}{2} + 3/4 \right) \left(\frac{q_g}{q_D} \right)_{MP} \qquad (6-66)$$

式中　　q_g——地面标准状况下气井产量，m^3/d；

$\quad\quad B_{gi}$——气体初始状态的体积系数，m^3/m^3；

$\quad\quad p_i$——初始地层压力，MPa；

$\quad\quad p_{wf}$——井筒压力，MPa；

$\quad\quad h$——储层有效厚度，m；

$\quad\quad T$——地层平均温度，K；

$\quad\quad m(p)$——压力函数，MPa^2/（mPa·s）。

无量纲累计产量定义：

$$Q_{D}(t_{D}) = \int_{0}^{t_{D}} q_{D}(\tau)\,\mathrm{d}\tau = \frac{1}{T_{M0}q_{M0}}\int_{0}^{t} q_{g}(\tau)\,\mathrm{d}\tau = \frac{Q_{g}(t)}{T_{M0}q_{M0}} \tag{6-67}$$

$$Q_{dD}(t_{dD}) = \int_{0}^{t_{dD}} q_{dD}(\tau)\,\mathrm{d}\tau = \frac{2(\ln r_{eD}+3/4)}{r_{eD}^{2}(\ln r_{eD}+3/4)}\int_{0}^{t_{D}} q_{D}(\tau)\,\mathrm{d}\tau = \frac{Q_{g}(t)}{T_{M}q_{M}} \tag{6-68}$$

从 $Q_{D}(t_{D})$ 计算公式可知，在拟合过程中，累计产量曲线是由横轴和纵轴拟合参数一起控制移动的。

6.2.4.2　曲线拟合步骤

垂直裂缝气井的产能分析方法与普通直井虽然类似，但是却有很大的区别，区别就在于多了一个裂缝半长 x_{f}，因为现代气井分析中可以不用考虑裂缝内的压力损失，所以本节中只涉及无限导流裂缝井的产能分析，其分析的步骤如下。

（1）首先要在双对数的坐标轴上画出实际的日产量曲线和累计产量曲线。其中产量单位是 $10^{4}\mathrm{m}^{3}/\mathrm{d}$，累计产量单位是 $10^{4}\mathrm{m}^{3}$，时间的单位是 d。在画实际生产曲线时一定要注意单位统一。

（2）然后进行曲线的拟合。首先要拟合累计产量曲线，因为累计产量曲线相比产量曲线更为光滑，进而得到了 Arps 的递减指数。如果采用早期和中期的数据来进行拟合，则比较困难。因为 Fetkovich 对应的早中期的不稳态渗流阶段得到的图版曲线较为相似，差别很小，用它来进行拟合容易得到多解，而且预测的 Arps 递减曲线也不准确，对以后分析气体生产动态带来很大的困难。

（3）在双对数坐标轴上移动实际的数据点进行拟合，同时也可以调整图版上的参数，选择最佳拟合效果得到拟合参数。如产量拟合参数、时间拟合参数、Arps 递减指数、无量纲泄流半径，再根据计算公式得到相关的参数。具体计算请参见实例分析。

6.2.4.3　实例分析

本小节将详细演绎无限导流垂直裂缝的无量纲 Fetkovich-Arps 联合递减图版的应用，实例选自 Decline Curve Analysis Using Type Curve—Fracyured Well（Pratikno 等，2003），通过将实际的生产曲线与理论图版相拟合，最终得到所需要的气井相关参数。

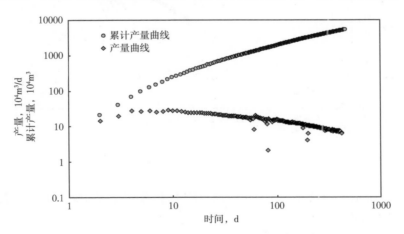

图 6-8　产气量和累计产气量与时间的关系曲线

表 6-1　基础参数表

井筒半径，m	0.101498
储层有效厚度，m	51.816
初始压力，MPa	58.34
井底流压，MPa	6.25
孔隙度，%	0.088
气体相对密度（空气相对密度 =1.0）	0.7
含水饱和度，%	13.1
储层温度，K	421.88
系统初始综合压缩系数，MPa^{-1}	0.74×10^{-2}
气体初始体积系数，m^3/m^3	1.0001×10^{-4}
气体初始黏度，mPa·s	0.0361

　　实际的生产数据表格和已知参数值如图 6-8 和表 6-1 所示。实例中假设井的经济极限产量是 25921.51m^3/d，如果可能的话，可以预测未来 10 年的产量变化，如下为求解过程。

　　（1）将生产数据投影到图版上，移动累计生产数据的曲线得到最佳拟合位置，拟合的关键是看累计曲线后半部分与 Arps 无量纲产量递减曲线拟合的情况。当两条线拟合效果较好时，读取数据（图 6-9）。

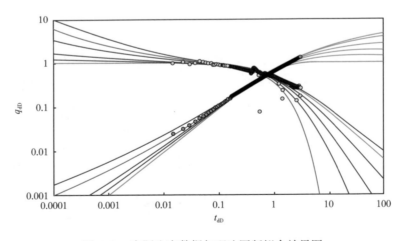

图 6-9　实际生产数据与理论图版拟合效果图

　　如图 6-9 中所示，递减指数 b=0.9，产量拟合参数 q_M=35×10^{4}m^3/d，无量纲泄流半径 r_{eD}=20，时间拟合参数 t_M=920d。

　　从已知的数据得到地层渗透率为：

$$K_g = \left[\ln \left(r_{eD} / 2 \right) + 3 / 4 \right] \frac{18420 \mu_{gi} B_{gi}}{h} \left\{ \frac{q_g / \left[m(p_i) - m(p_{wf}) \right]}{q_{dD}} \right\}_{MP} = 0.012 \, (\text{mD}) \qquad (6\text{-}69)$$

$$\left(\frac{t_{dD}}{t} \right)_{MP} = \frac{2}{r_{eD}^2 \left[\ln \left(r_{eD} / 2 \right) + 3 / 4 \right]} \frac{(0.0036 \times 24) K_g}{\phi \mu_{gi} c_{ti} x_f^2} \qquad (6\text{-}70)$$

代入 K_g 表达式，得到：

$$\left(\frac{t_{dD}}{t_a} \right)_{MP} = \frac{\overbrace{2\pi \times (0.0036 \times 24) \times 18420}^{10000}}{\underbrace{(\phi \pi r_e^2 h) / B_{gi}}_{G_i(\text{m}^3)}} \frac{1}{c_{ti}} \left\{ \frac{q_g(t) / \left[m(p_i) - m(p_{wf}) \right]}{q_D} \right\}_{MP} \qquad (6\text{-}71)$$

$$G_i \left(10^4 \text{m}^3 \right) = \frac{1}{c_{ti}} \left(\frac{t}{t_{dD}} \right)_{MP} \left\{ \frac{q_g(t) / \left[m(p_i) - m(p_{wf}) \right]}{q_D} \right\}_{MP} = 335675.6757 \left(\text{m}^3 \right) \qquad (6\text{-}72)$$

储层泄流面积：

$$A = \frac{10000 G_i B_{gi}}{\phi (1 - S_{wi}) h} = 104793.85 \left(\text{m}^2 \right) \qquad (6\text{-}73)$$

等效泄流半径：

$$r_e = \sqrt{A / \pi} = 186.8 \, (\text{m}) \qquad (6\text{-}74)$$

有效裂缝半长：

$$x_f = \frac{r_e}{r_{eD}} = 10.08 \, (\text{m}) \qquad (6\text{-}75)$$

径向流表皮因子：

$$S = \ln \left(r_w / x_f \right) = -4.6 \qquad (6\text{-}76)$$

（2）由 q_M 得到 Arps 经验递减方程中的初始递减产量 q_i：

$$q_i = \left[\frac{q_g(t)}{q_{dD}} \right]_{MP} = q_M = 35 \left(10^4 \text{m}^3 \right) \qquad (6\text{-}77)$$

（3）由 t_M 得到 Arps 递减方程的初始递减率 D_i（1/a）：

$$D_i = 365 \left(\frac{t_{dD}}{t} \right)_{MP} = \frac{365}{T_M} = 0.39 \qquad (6\text{-}78)$$

（4）通过已经求得的泄流面积 A 可计算出相对于圆形储层的表皮因子 S_{cA}：

$$S_{cA} = \ln \left[\frac{x_f \cdot (r_{eD})_{MP}}{\sqrt{A / \pi}} \right] = -0.0002 \qquad (6\text{-}79)$$

（5）初始地质储量：

$$G = \frac{Ah\phi(1-S_w)}{B_{gi}} = 3262.48\left(10^6 \text{m}^3\right) \tag{6-80}$$

$$G = \frac{q_i}{D_i(1-b)} = 3224.00\left(10^6 \text{m}^3\right) \tag{6-81}$$

（6）通过公式（3-7）可以确定 Arps 产量递减方程为：

$$q(t) = \frac{q_i}{(1+bD_it)^{\frac{1}{b}}} = 350000 \times \left(1+bD_it\right)^{-1.1} = 350000\left(1+0.00098t\right)^{-1.1} \tag{6-82}$$

通过这个公式，就可以利用 Arps 产量递减规律来进行未来气井动态的预测，如果要外推未来 10 年的产量变化，需要从 t=2920d（8 年）进行，以年为时间的单位，得到递减方程：

$$q(t) = 350000\left(1+0.36t\right)^{-1.1} \tag{6-83}$$

如果假设气井的经济极限产量为 25921.51m³/d，可以求出气井的产量寿命是 25 年，最后结合累计产量的经验公式，可以得到最终气井产量为 $G_p(t) = 2129.53 \times 10^6 \text{m}^3$。

6.3 无限导流垂直裂缝 Blasingame 产能分析方法

6.2 节得到的无限导流垂直裂缝的 Fetkovich-Arps 图版，在推导图版的过程中得到了圆形封闭储层中一口无限导流垂直裂缝井的拉氏空间的压力表达式。根据外国学者 Agarwal 等（1998）利用无量纲井底定产的压力的导数来表示产量变化规律，可以得到无限导流裂缝井的 Blasingame 图版，并且通过图版进行实例拟合，可以分析无限导流垂直裂缝井的变产量变流压生产状况的产能，为垂直裂缝气藏产能分析提供理论依据。

6.3.1 Blasingame 图版以及曲线特征

由 6.2 节得到了高导流能力垂直裂缝的压力解，研究结果可知，均匀流量的垂直裂缝与无限导流垂直裂缝的井壁压力曲线非常相似，并且均匀流量的裂缝井的压力曲线比无限导流裂缝压力曲线更为平滑，因此本节采用均匀流量模型，其压力曲线表达式如下：

$$
\begin{aligned}
&s\tilde{p}_{wD}(x_D,s)\\
&= \frac{1}{4}\left\{\int_{-1}^{1}\int_{-1}^{1}K_0\left[\sqrt{(x_D-\alpha)^2}\sqrt{s}\right]d\alpha dx_D + \frac{K_1(r_{eD}\sqrt{s})}{I_1(r_{eD}\sqrt{s})}\int_{-1}^{1}\int_{-1}^{1}I_0\left[\sqrt{(x_D-\alpha)^2}\sqrt{s}\right]d\alpha dx_D\right\}\\
&= \frac{1}{\sqrt{s}}\left\{\frac{\pi}{2}-K_{i1}(2\sqrt{s})+K_1(2\sqrt{s})-\frac{1}{2\sqrt{s}}+\frac{K_1(r_{eD}\sqrt{s})}{I_1(r_{eD}\sqrt{s})}\left[I_{i1}(2\sqrt{s})-I_1(2\sqrt{s})\right]\right\}
\end{aligned}
\tag{6-84}
$$

由第 5 章普通气井的 Blasingame 产能分析方法可知，在使用物质平衡拟时间时，用无限导流垂直裂缝常产量井的无量纲井底压力导数可以推导出无限导流垂直裂缝井 Blasingame 图版,如图 6-10 所示。

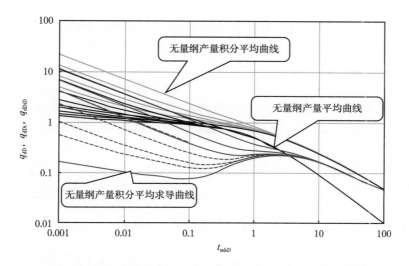

图 6-10　无限导流垂直裂缝井 Blasingame 无量纲产量递减曲线图版

　　从图 6-10 的无限导流垂直裂缝井的无量纲产量递减曲线图版中可以看出,其形状和普通直井的图版很相似,但是需要注意的是它们在相同时间下产量是不一样的,即产量在时间上存在差异。

　　Blasingame 的递减曲线在流动早期的不稳态渗流过程中,当无量纲泄流半径 r_{eD} 取值不一样时,其得到的曲线也不一样,当到达封闭地层的边界时,这组由无量纲泄流半径控制的曲线汇聚成一条调和递减曲线。由无量纲产量递减曲线图版可知:该曲线分为三段,第一段为开井初期的不稳定流动阶段,这个阶段的生产数据表示流体还没有受到边界影响,相当于在无限大的地层中流动,边界对流动不产生任何影响,无量纲产量主要受无量纲泄流半径控制,当无量纲泄流半径逐渐增加,无量纲的产量递减曲线会向下移动,通过这个时期的曲线可以获得近井地带的相关信息,比如有效渗透率和表皮系数等物性参数;第二段即过渡段,一般很少有生产数据点相对应,主要由于这个流动期较短,该段为不稳定渗流阶段向拟稳态渗流控制阶段的过渡部分;第三阶段是拟稳态渗流阶段,也就是压力扰动完全波及到边界,即压降传播到达边界并对流动产生影响的阶段,其产量完全来源于岩石和流体由于压力降落而引起的膨胀,各点压力降落速度相同,通过该阶段分析可以计算推导得到井控制动态储量及泄油半径等所需参数。

　　无量纲产量递减曲线图版通过对无量纲产量积分后求导的形式,可以得到更为平滑的导数曲线,便于判断。在实际推导过程中能够看出,由于产量积分的结果对早期产生的数据点的误差较为敏感,当早期产生的数据点存在一个很小的误差都将会使导数曲线产生相对很大的累积误差。根据现场数据及实验室得到的数据,应用已得到的图版可以进行实际数据拟合。利用无量纲产量递减曲线和无量纲产量积分曲线及导数曲线进行拟合可以得到储层相关的物性。通过下一节拟合方法和实力分析来详细阐述拟合及参数计算过程。

6.3.2 拟合步骤

利用无量纲图版具体拟合的步骤如下。

（1）首先需要在双对数的坐标轴上画出被拟合的产量递减曲线、产量递减积分平均曲线和产量递减积分平均求导曲线。其中产量单位是 $10^4 \text{m}^3/\text{d}$，时间的单位是 d。在画实际生产曲线时一定要注意单位统一。

（2）然后进行曲线的拟合。首先要拟合产量递减积分平均曲线，因为产量递减积分平均曲线比产量曲线更为光滑，需要注意的是，主要用产量递减积分平均曲线的中后部进行拟合，以产量曲线和产量积分平均求导曲线为辅，从而得到所需要的无量纲泄流半径。

（3）在双对数坐标轴上移动实际的数据点进行拟合，同时也可以调整图版上的参数，选择最佳拟合效果得到拟合参数。如产量拟合参数、时间拟合参数、无量纲的泄流半径，再根据以下的计算公式得到相关的参数。

计算井控地质储量公式为 [将 $q_d(t_a)$ 换成 $q_{id}(t_a)$ 也可]：

$$G_i\left(10^4 \text{m}^3\right) = \frac{1}{2\pi c_{ti}} \left(\frac{t_a}{t_{dD}}\right)_{MP} \left\{\frac{q_g(t)/\left[p_p(p_i) - p_p(p_{wf})\right]}{q_D}\right\}_{MP} \tag{6-85}$$

计算地层渗透率公式如下 [将 $q_d(t_a)$ 换成 $q_{id}(t_a)$ 也可]：

$$K_g(\text{mD}) = \frac{18420\mu_{gi}B_{gi}}{h} \left\{\frac{q_g(t)/\left[p_p(p_i) - p_p(p_{wf})\right]}{q_D}\right\}_{MP} \tag{6-86}$$

计算单井的泄流面积公式为：

$$A\left(\text{km}^2\right) = \frac{1000G_iB_{gi}}{\phi(1 - S_{wi})h} \tag{6-87}$$

计算泄流半径的公式为：

$$r_e = \sqrt{A/\pi} \tag{6-88}$$

计算有效裂缝半长：

$$x_f = \frac{r_e}{r_{eD}} \tag{6-89}$$

计算拟表皮因子公式为：

$$S = -\ln\left(r_w/x_f\right) \tag{6-90}$$

这里，下标 MP 表示拟合参数，x_f 是拟合得到的有效半缝长，而 S 是径向流产能表皮因子。

6.3.3　实例分析

本小节将通过实例来演示无限导流垂直裂缝井 Blasingame 理论图版的运用及拟合得到参数的过程。实例选自 Pratikno 等（2003）。已知气井的基础参数见表 6-2。

表 6-2　基础参数表

储层有效厚度，m	51.816
井筒半径，m	0.101498
储层温度，K	434.75
气体相对密度（空气相对密度 =1.0）	0.7
含水饱和度，%	13.1
孔隙度，%	8.8
气体初始黏度，mPa·s	0.0361

由第 3 章介绍的物质平衡拟时间的定义，对实际生产的时间进行处理，将其变成物质平衡拟时间。如图 6-8 所示，横坐标为物质平衡拟时间，纵坐标为实际产量和实际产量的导数，圆点代表实际产量递减曲线，正方形代表实际产量递减积分平均曲线，三角形代表实际产量递减积分平均求导曲线。

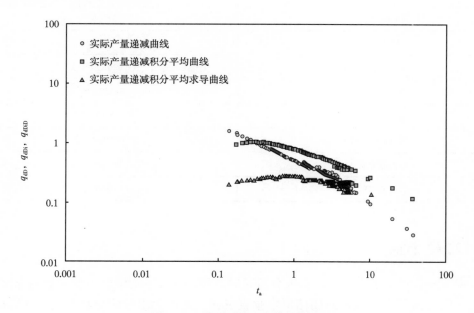

图 6-11　处理后的生产数据曲线

将处理后的生产数据曲线投影到 Blasingame 理论图版上，可以得到产量拟合参数 q_M，时间拟合参数 t_M，以及无量纲泄流半径 r_{eD}。根据 6.3.2 节的图版拟合步骤能够得到相关的参数。数据拟合效果图及最终算出的参数表如图 6-9 和表 6-3 所示。

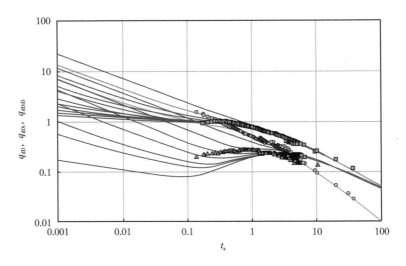

图 6-12　无限导流垂直裂缝井 Blasingame 无量纲产量递减曲线图版拟合效果图

表 6-3　典型曲线分析结果

参数名称	分析结果（单位）
无量纲泄流半径 r_{eD}	5
时间拟合参数 t_M	51（d）
产量拟合参数 q_M	0.41（$10^4m^3/d$）
储层渗透率 K_g	0.0261（mD）
有效裂缝半长 x_f	16.122（m）
形状表皮因子 S	-4.97043
等效泄流半径 r_e	79.808（m）
泄流面积 A	20（km^2）
OGIP	2865.676（10^4m^3）

6.4　本章小结

　　本章主要从点源函数入手，深入分析瞬时点源函数和平面瞬时点源函数的求解过程，给出在无限大地层中和圆形封闭储层中垂直裂缝气井的无限导流垂直裂缝井井底压力的变化特征。从压力曲线中可以发现在无量纲泄流半径（r_{eD}）小于 500 的时候，圆形封闭储层的无限导流裂缝的压力曲线到后期开始上翘，而当无量纲泄流半径（r_{eD}）大于或等于 500 的时候，压力曲线趋于无限大地层的无限导流裂缝曲线。在圆形封闭储层的无限导流的垂直裂缝井压力特征基础上，根据点汇模型通过积分叠加求得无限导流垂直裂缝井的 Laplace 空间下压力表达式，从而得到了无限导流垂直裂缝井的 Fetkovich-Arps 图版和

Blasingame 图版。Fetkovich-Arps 图版分为两个部分，当无量纲时间（t_{dD}）小于 0.22 的时候是不稳态渗流阶段，当无量纲时间（t_{dD}）大于或等于 0.22 的时候是晚期拟稳态阶段，即这个时候渗流特征受到封闭边界的影响。无限导流垂直裂缝井的 Fetkovich-Arps 图版与普通直井的 Fetkovich-Arps 图版相比形状相似，但是在相同的时间下产量是不同的，即存在差异。无限导流垂直裂缝井的 Blasingame 图版分为三个部分，即开井初期的不稳定流动阶段、过渡段和拟稳态渗流阶段，其与普通直井的 Blasingame 图版相比形状相似，但是在相同的时间下产量存在差异。最后通过求解步骤说明和实际例子的演示，阐明了无限导流垂直裂缝气井产能分析方法的过程。

　　无限导流垂直裂缝的 Fetkovich-Arps 图版和 Blasingame 图版是针对垂直裂缝气井渗流特征而得到的理论图版，它为之后的有限导流垂直裂缝气井产能分析方法奠定了基础。由于垂直裂缝气井的产能分析是当前较为受关注的问题之一，本章给出的理论图版和产能分析方法可以成为水力压裂优化设计的重要部分，对低渗透气藏（田）开发方案的制定具有一定的指导意义。

第7章 生产数据诊断与分析

这一章讨论对于致密气藏的生产数据分析和解释，以及动态储量评价的方法及过程。把数据诊断及产量分析方法相结合以确定储层参数、评价完井效果、估算动态储量。本章给出了生产数据分析的一个基本框架，并指出其存在的困难和挑战。

7.1 生产数据诊断

对于一组原始的生产数据，首先需要对其做如下诊断分析。

（1）评价数据质量：确定给定的一组生产数据是否可以用来做分析。包括以下数据的可靠性分析：

①历史生产数据（产量和压力）；

②储层和流体参数（用于定量分析）；

③井的记录数据（完井、措施历史记录等）。

（2）数据相关性检查：这是数据选择和分析的中间步骤，也是为后面分析所用数据做前处理和准备。包括如下工作：

①数据相关性检查（井底压力—产量曲线），这是非常简单的检查，但很重要，如果数据相关性差，则它将没有任何诊断价值；

②产量—时间和压力—时间曲线检查，这两条曲线可反映出一些特征或生产作业，比如清井作业，如此可以检查出哪些数据应该过滤和剔除。

（3）初步诊断，主要包括以下几个方面：

①数据检查和整理（如清井、二次完井等）；

②数据过滤（剔除错误和虚假数据）；

③识别流态（储层模型）。

（4）基于模型的分析。从某种程度来讲，这是生产数据分析中比较简单的一步，类似于试井分析。对比、拟合生产数据到渗流模型，微调改进，并进行生产预测。

无论是一个特定储层模型的典型曲线图版，或者是一个简单的数值模拟模型，最终的储层模型是最为具体和实质性的诊断工具。不管用于诊断的储层模型是什么形式的（典型曲线或数值模拟模块），把生产数据与特定储层模型做对比分析都将是生产数据诊断分析的核心任务之一。

几种常见的储层模型示意图如图7-1和图7-2所示，图中不稳态渗流和边界控制流特征明显。图7-1和图7-2中曲线都表现为等效定流量形式，图7-1是把数据表示为一个类似于"试井分析"的函数 [（$\Delta p/q$）积分导数函数曲线（Agarwal等，1999）]，图7-2则是把数据表示为"产量递减"函数的形式 [（$\Delta q/p$）积分导数函数（Doublet等，1994）]。需要说明的是，这些函数都是基于相同的模型（特别是定产条件）推导而来，并简单地绘制成这两种格式。这两种格式各有优点，同时又都有其鲜明的特点，可以作为辅助工具来诊断生产数据。据参考文献（Agarwal 等，1999；Doublet 等，1994）可知，（$\Delta p/q$）函数常被称为"标准化产能指标"形式，而（$\Delta q/p$）函数通常被称为"Blasingame"形式。把两种函数都灵活地应用于生产数据诊断将会收到很好的效果。

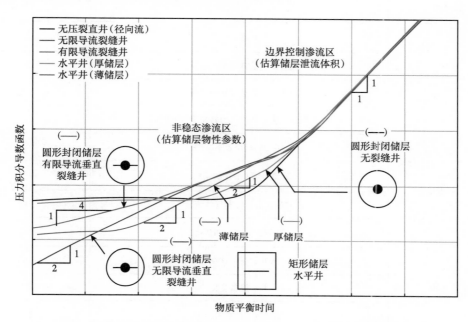

图 7-1　几种常见储层模型标准化压力积分导数函数诊断曲线示意图

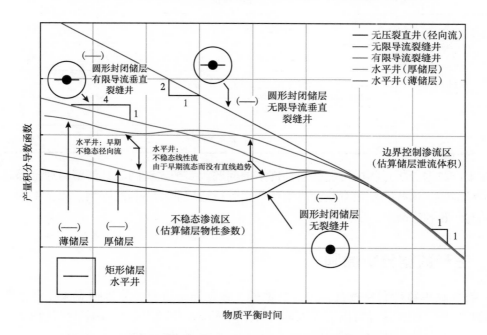

图 7-2　几种常见储层模型标准化产量积分导数函数诊断曲线示意图

7.2 生产数据诊断中的常见问题和挑战

表 7-1 生产数据分析中常见问题

分类	问题	严重程度
压力问题	没有测量压力	高
	没有正确估算原始地层压力	高
	井口压力换算至井底压力质量差	一般
	井底积液：影响井口压力转换为井底压力	一般
	压力测量位置不准确	严重
流量问题	流量分配（潜在的问题）	一般
	井底积液：影响气体流量	一般
完井问题	产层变化：新、旧射孔	严重
	入井管材尺寸变化	高
	井口设备变化	一般 / 高
	增产措施：水力压裂	高
	增产措施：酸化	一般
一般问题	储层物性：ϕ, h, r_w, c_f, c_t 等	一般
	原油物性：B_o, R_{so}, μ_o, c_o 等	一般
	气体物性：γ_g, T, Z（或 B_g），μ_g, c_g 等	一般
	时间、压力、产量不同步	一般 / 高
	时间、压力、产量相关性差	严重

在生产数据分析过程中可能会遇到许多的问题，要把这些问题具体精确地全部总结出来是不可能的。这些问题中有些会对生产数据分析造成非常不利的影响。表 7-1 为一些比较常见的问题和挑战。

7.3 生产数据分析原则

在数据收集整理和检查过程中，数据的一致性非常重要。分析师应该综合考虑所有的数据并分析诊断，这样可以更深入地理解生产情况，并利用这些数据结果认识储层模型特征。

图 7-3 给出了一个生产数据诊断分析的流程图。这个流程图的重点在于生产数据分析之前，严格获取相关性好的历史生产数据，整理完井历史的影响情况，提供生产特征的诊断（分析的可行性）等。

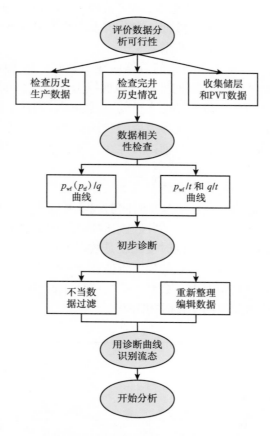

图 7-3 生产数据诊断流程示意图

7.4 生产数据诊断方法

生产数据分析过程中应用生产数据诊断方法是为了得到如下认识。

（1）识别不稳态渗流：不稳态渗流表示井的生产动态仅受到储层物性及完井情况的影响（水力压裂等）。储层边界不会影响不稳态渗流特征。

（2）识别边界控制流（拟稳态渗流）：边界控制流表示井的生产动态主要受储层衰竭开采特征控制。这一时期主要是受储层控制体积影响较大。

（3）弄清数据相关性情况：数据相关性特征一般较难通过量化来考察。要是详细地检查生产数据会让人觉得这类数据本质上全部都有问题。宏观来看，生产数据可以给研究人员一个看起来是合理的结果（其实未必）。所以，基本方法就是从这些数据的初始来源（作业公司，位置等）及用于做各种分析（如估算储量、评价储层伤害等）的基本原理出发来考察生产数据的相关性，而这样的诊断结果是"定性"的，或者说主观性很强，所以，生产数据相关性检查必须要有一定的原则标准才能得到更为满意的结果。

需要注意的是，生产数据中有时会存在一些"假象"，这可能是因为资料获取仪器和实际操作方法导致的，这是无法避免的，所以在处理数据的时候需要剔除这些假象。常见的情况如井口压力转换成井底压力质量差、早期的生产数据分析中会受到所谓的"洗井"作业的影响、流量和压力测量混淆。故而，在分析生产数据中各种形式假象的时候，应该考虑应用不同的分析方法来剔除假象数据。

生产数据诊断方法主要是以可视化的数据曲线为基础，从这些曲线的趋势及一些特殊的线性标准特征来做出分析（典型的如双对数曲线上的一些特征）。目前，自动过滤的应用已经越来越少，这些方法太依赖特定人员的数据输入，因而也就不是自动程序的性质了。另外还有一些自动相关方法，如无参数回归、神经网络方法等。这并不是说自动过滤方法就不适用于生产数据分析了，但目前是否存在一种通用的程序能够满足所有的生产数据诊断问题还很难说。

目前生产数据分析中常用的诊断曲线有以下几种。

（1）历史生产曲线：该曲线包括产量—时间曲线及井底流压—时间曲线，如图 7-4 所示。从图 7-4 中，可以直观地看到产量和井底流压随时间的变化情况并评价数据的相关性特征。比如产量变化了而压力却没有同时变化就是数据不相关的一种情况。这个图仅仅是作为参考，而不是一个分析曲线图。它的诊断价值在于可以同时直观地看到流量和压力随时间的变化情况，虽然在某些情况下，会有一些细节特征表现明显，但在大多数情形该曲线只是用来评价流量和压力随时间变化时的相关性。

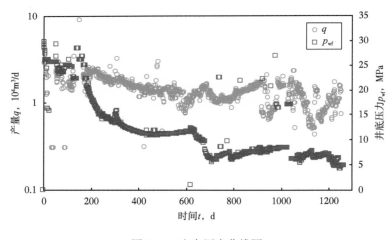

图 7-4　生产历史曲线图

（2）压力—流量关系曲线：如图 7-5 所示，该曲线图可以用来评价产量和压力的直接相关性。这个曲线图自从 20 世纪 30 年代（Rawlins 和 Schellhardt，1936）就被用来评价井的伤害或完井质量情况。Kabir 和 Izgec（2006）首先正式地把这个曲线作为一个诊断工具来识别特定的渗流期。

可以用这个曲线图来识别不相关的产量和压力数据。通过观察产量或者压力在曲线上反映的特征，比较容易区分这些数据不相关的情况。

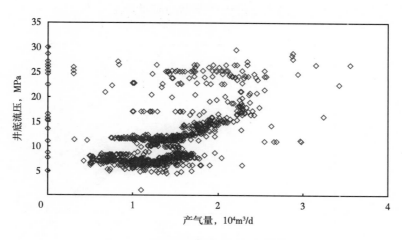

图 7-5　井底流压与产气量关系曲线图

（3）标准化压力（$\Delta p/q$）—物质平衡时间双对数图：如图 7-6 所示，这个图等同于压力不稳态分析图。该图可用于诊断识别特定的流动期（如无限大地层径向流、压裂井的线性流或双线性流等），这就使得分析人员能够知道数据的哪一部分可以用来估算特定的储层物性参数（如无限大地层径向渗流中导数或积分导数会表现出一定值，应用这一特征可以用来估算储层渗透率）。

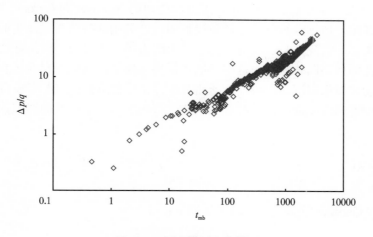

图 7-6　标准化压力曲线图

（4）Blasingame 曲线图或改进的典型递减曲线图：Blasingame 曲线图（Palacio 和 Blasingame，1993；Doublet 等，1994）是对传统 Fetkovich 曲线图（Fetkovich，1980）的改进，Fetkovich 图版是基于定井底流压这个苛刻条件而得到的，而 Blasingame 图版可以满足变流量和变井底压力的情况。

如图 7-7 所示，Blasingame 图的纵坐标是（$q/\Delta p$）函数，横坐标是物质平衡时间或拟时间，为双对数图。

（5）Fetkovich 典型曲线图版：该图版仅适用于定井底流压这种生产制度下的生产数

据（Fetkovich，1980）。用这个图版评价生产数据的质量非常可靠。

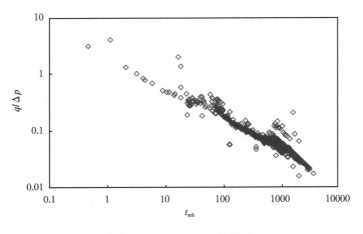

图 7-7　Blasingame 曲线图

7.5　生产数据分析的基于模型的典型递减曲线方法

7.5.1　Agarwal–Gardner 产量递减分析模型

通过重新定义无量纲量，Amoco 勘探生产公司的 Agarwal 和 Gardner（1998）提出了用于垂直裂缝井生产数据分析的新型产量递减曲线，利用这些曲线可以更简单地预测地质储量、储层渗透率、表皮系数、裂缝长度、导流能力等，通过数值模拟证实了该新方法的精确性。与以往的典型曲线相比，这些新的产量递减典型曲线的优点在于它能够更清晰地区分不稳态流动和拟稳态流动。另外，新曲线中包含导数函数，有助于提高拟合精度。

首先，为使普通递减曲线流动晚期归一化，分析普通产量递减曲线流动晚期的表现特征：

$$p_{wD}(t_D) \approx \frac{2t_D}{(r_{eD}^2 - 1)} + \frac{4r_{eD}^2 - 3r_{eD}^4 + 4r_{eD}^4 \ln r_{eD} - 1}{4(r_{eD}^2 - 1)^2} \approx \frac{2t_D}{r_{eD}^2 - 1} + \ln(r_{eD}) - \frac{3}{4} \qquad (7-1)$$

Agarwal 和 Gardner 重新定义时间无量纲量：

$$t_{DA} = \frac{3.6K_g t}{\phi \mu_g c_g A} = \frac{3.6K_g t}{\phi \mu_g c_g r_w^2} \frac{r_w^2}{A} = t_D \frac{r_w^2}{\pi(r_e^2 - r_w^2)} = \frac{t_D}{\pi(r_{eD}^2 - 1)} \qquad (7-2)$$

则晚期井壁压力方程为：

$$p_{wD}(t_{DA}) \approx 2\pi t_{DA} + \ln r_{eD} - \frac{3}{4} \qquad (7-3)$$

晚期产量递减方程变为：

$$q_{Du}(t_{DA}) = \frac{1}{p_{wD}(t_{DA})} = \frac{1}{2\pi t_{DA} + \ln r_{eD} - 3/4} \qquad (7-4)$$

由于在晚期拟稳态阶段，无量纲时间 t_{DA} 的量级远远大于 $\ln r_{eD}$，因此经过重新定义后，产量曲线在晚期会渐近于归一化。

$$\frac{\partial^2 p_D}{\partial r_D^2} + \frac{1}{r_D}\frac{\partial p_D}{\partial r_D} = \frac{1}{\pi\left(r_{eD}^2 - 1\right)}\frac{\partial p_D}{\partial t_{DA}} = \frac{1}{A}\frac{\partial p_D}{\partial t_{DA}} \tag{7-5}$$

$$p_D\left(r_D, 0\right) = 0 \tag{7-6}$$

$$\frac{\partial p_D\left(r_{eD}, 0\right)}{\partial r_D} = 0 \tag{7-7}$$

$$\left(r_D\frac{\partial p_D}{\partial r_D}\right)_{r_D \to 1} = -q_D\left(t_D\right), \ \ p_D\left(1, t_D\right) = 1 \tag{7-8}$$

利用 Laplace 变换得到（$z = s/A$）：

$$s\tilde{p}_D\left(r_D, s\right) = \frac{1}{\sqrt{z}}\frac{K_0\left(r_D\sqrt{z}\right)I_1\left(r_{eD}\sqrt{z}\right) + K_1\left(r_{eD}\sqrt{z}\right)I_0\left(r_D\sqrt{z}\right)}{I_1\left(r_{eD}\sqrt{z}\right)K_1\left(\sqrt{z}\right) - K_1\left(r_{eD}\sqrt{z}\right)I_1\left(\sqrt{z}\right)} \tag{7-9}$$

在式（7-9）中令 $r_D = 1$，可得到无量纲井壁压力表达式。再根据 Fetkovich 等（1987）的研究结果，在物质平衡时间下用无量纲井底压力之倒数 $\left[1/p_{wD}\left(t_D\right)\right]$ 来表示普通产量递减规律，并利用数值方法产生导数曲线，最终得到 Agarwal-Gardner 图版。

如图 7-8 所示，产量递减曲线图版其实可分成两个部分，图版左侧部分（$t_{DA} < 0.1$）是早中期不稳态递减部分，主要受无量纲泄流半径（r_{eD}）影响，r_{eD} 增大则递减曲线向下移位；图版右侧（$t_{DA} > 0.1$）是晚期拟稳态部分，导数曲线清晰表现为斜率为 1 的直线。

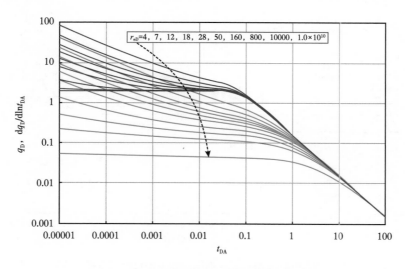

图 7-8　Agarwal-Gardner 产量递减曲线图版

最近的一些针对致密气藏的基于气藏模型的生产数据分析典型递减曲线的研究如下。

Pratikno 等（2003）：圆形封闭气藏平面径向渗流，有限导流垂直裂缝井生产典型递减曲线研究。

Amini 等（2007），Ilk 等（2007a）：圆形封闭气藏球形渗流，有限导流垂直裂缝井生产典型递减曲线研究。

目前"典型曲线"，具体来讲就是储层动态特征的静态表现，在各种软件中已被动态的、按需建模的方法所取代。使用"典型曲线"方法做数据诊断和分析的前提基本相同，但现在"动态"模型已成为生产数据和压力不稳态测试数据解释的公认标准。其次，使用"典型曲线"（静态模型）或"动态"储层模型（实际上是同一个储层的模拟）的方法基本上是相同的，唯一的显著性差异就是按需建模可以提供一个更好的拟合过程。

7.5.2 β 函数

Hosseinpour-Zonoozi 等（2006）提出了一种新的导数函数形式［即 $\beta(t)$ 函数］，并通过井底压力的 $\beta(t)$ 函数分析总结了各类储层或井模型的流态特征，定义如下：

$$\beta_{\Delta p}(t) = \frac{\mathrm{d}\ln\Delta p}{\mathrm{d}\ln t} = \frac{t}{\Delta p}\frac{\mathrm{d}\Delta p}{\mathrm{d}t} \tag{7-10}$$

根据 Hosseinpour-Zonoozi 等（2006）的研究结果，几类储层或井模型的流态特征表现如图 7-9 所示。

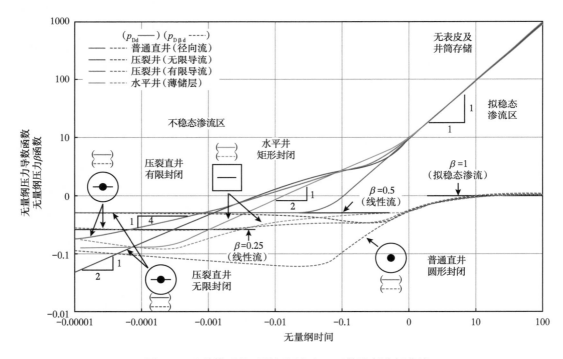

图 7-9 几种模型的无量纲压力和 β 函数诊断分析曲线

Ilk 等（2007b）进一步研究了该函数的应用问题，对井底定压条件下的产量 β 导数 $[\beta_{q,\mathrm{cp}}(t)]$、井底定产条件下的压力 β 导数 $[\beta_{p,\mathrm{cr}}(t)]$ 及标准化压力（产量）函数的 β 导数 $[\beta_{q/\Delta p}(t)]$ 分别作了讨论，Hosseinpour-Zonoozi 等（2006）对于流态特征的研究结果同样能够在这些函数的表现特征上反映出来。

7.6 幂律指数递减模型

对非传统（低渗透、超低渗透）气藏的天然气可采储量评价已成为人们日益感兴趣的话题。对于致密气藏，由于储层的低渗透、超低渗透特征，该类油气藏的生产数据往往表现出较长的非稳态渗流期，这就导致使用产量—时间关系式（如指数递减、双曲递减关系式）评价其可采储量会估计过高的情况。目前对致密气藏进行储量评价通常使用 Arps 双曲递减函数，但 Arps 双曲递减关系式是严格适用于边界控制流的情形的，故而应用双曲递减函数来计算非稳态渗流情形的动态储量会产生很大的误差。

7.6.1 理论基础

Johnson 和 Bollens（1928），Arps（1945）提出递减率和递减率导数函数，它们的定义式为：

$$\frac{1}{D} = -\frac{q}{\mathrm{d}q/\mathrm{d}t} \tag{7-11}$$

$$b = \frac{\mathrm{d}}{\mathrm{d}t}\left(\frac{1}{D}\right) = -\frac{\mathrm{d}}{\mathrm{d}t}\left(\frac{q}{\mathrm{d}q/\mathrm{d}t}\right) \tag{7-12}$$

若 D 为常数，则由式（7-11）可导出 Arps 指数递减方程：

$$q = q_{\mathrm{i}}\exp(-D_{\mathrm{i}}t) \tag{7-13}$$

方程 (7-13) 也可以通过求解封闭油藏中心一口井定井底流压生产的边界控制流渗流方程得到。

递减率 D 和递减率导数 b 也可以用累计产量—产量关系式来表示：

$$D = -\frac{\mathrm{d}q}{\mathrm{d}Q} \tag{7-14}$$

$$b = q\frac{\mathrm{d}}{\mathrm{d}Q}\left(\frac{1}{D}\right) \tag{7-15}$$

Blasingame 和 Rushing（2005）对 Arps 双曲递减方程做了详细的推导，并给出了递减率 D 随时间 t 变化的表达式：

$$q = q_i \frac{1}{\left(1 + bD_i t\right)^{1/b}} \qquad (7\text{-}16)$$

D 可以写成关于时间的函数：

$$D = \frac{D_i}{1 + bD_i t} \qquad (7\text{-}17)$$

累计产量表示为：

$$G_p(t) = \frac{q_i}{(1-b)D_i}\left[1 - \left(1 + bD_i t\right)^{1-(1/b)}\right] \qquad (7\text{-}18)$$

根据 Arps 的定义，递减率导数 b 的定义域是 $[0,1]$，如果 $b > 1$，由式（7-18）可知，累计产量随时间变化趋于无穷。当应用双曲递减函数评价非常规气藏（致密气藏）时，会发现 b 常常大于 1，这使得可采储量估算结果偏大。

对于一个给定的双曲递减函数，b 是常数，递减率 D 由公式（7-17）表示。计算参数 D 和 b 可使用产量—时间数据或者产量—累计产量数据。一般用产量—累计产量计算效果更好，因为产量—累计产量数据比产量—时间数据要光滑许多。

7.6.2 幂律指数递减模型

根据致密气藏矿场生产数据（产量—时间数据）计算递减率 D 随时间变化关系曲线，绘制在双对数图上，可以发现，曲线在后期呈直线趋势。因此，重新定义递减率 D 为：

$$D = D_\infty + D_1 t^{-(1-n)} \qquad (7\text{-}19)$$

带入公式（7-13）得到幂律指数递减模型：

$$q = \hat{q}_i \exp\left(-D_\infty t - \frac{D_1}{n} t^n\right) = \hat{q}_i \exp\left(-D_\infty t - \hat{D}_i t^n\right) \qquad (7\text{-}20)$$

$$b = \frac{n(n-1)\hat{D}_i t^{(n-2)}}{\left[D_\infty + n\hat{D}_i t^{-(1-n)}\right]^2} \qquad (7\text{-}21)$$

式中　D_∞——递减常数，由公式（7-19）中定义（t 趋于无穷时）；

$\quad\quad \hat{q}_i$——初始流量，由公式（7-20）中定义（t 趋于 0 时）；

$\quad\quad D_1$——递减常数，由公式（7-21）中定义（$t=1\text{d}$）；

$\quad\quad \hat{D}_i$——递减常数，定义为 D_1/n；

$\quad\quad n$——时间指数，由公式（7-19）中定义。

图 7-10 为双曲递减模型与幂律指数递减模型特征对比图，从图中可以看出幂律指数递减模型可以很好地拟合到整个生产历史（不稳态流、过渡流和拟稳态流），在早期，曲线特征由参数 $\hat{D}_i$ 控制；在晚期，即边界控制流时期，曲线特征由参数 D_∞ 控制。

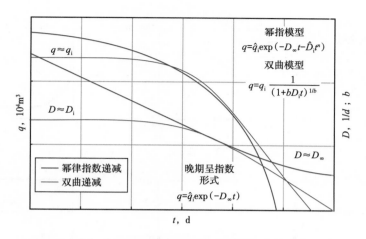

图 7-10　双曲递减与幂律指数递减模型特征对比图

7.6.3　实例计算

选取某致密气藏一口气井的生产数据做实例计算，该井的生产历史超过 10 年。首先对原始数据做筛选，剔除离散数据；其次，使用公式（7-11）和公式（7-12）由产量—累计产量数据计算递减率 D 和递减率导数 b（使用移动窗口法求导数）。

应用本节的幂律指数递减模型及 Arps 双曲递减模型对原始数据拟合，整个过程使用了黄金分割自动寻优算法来进行自动拟合，通过 vba 编程来实现，计算程序界面如图 7-11 和图 7-12 所示。两种方法的拟合结果如图 7-13 所示。另外，使用产量—累计产量数据作图取截距得到 $G_{p,\text{max}}$（$q=0$ 时，G_p 即为 $G_{p,\text{max}}$）。对比计算结果见表 7-2。

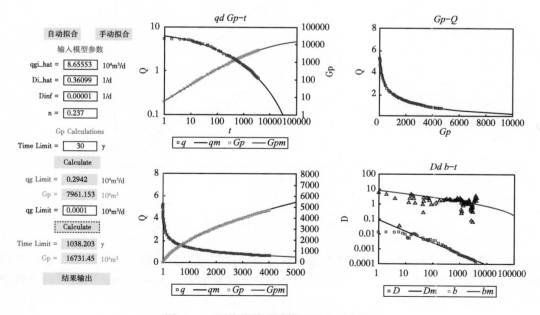

图 7-11　幂律指数递减模型拟合程序界面

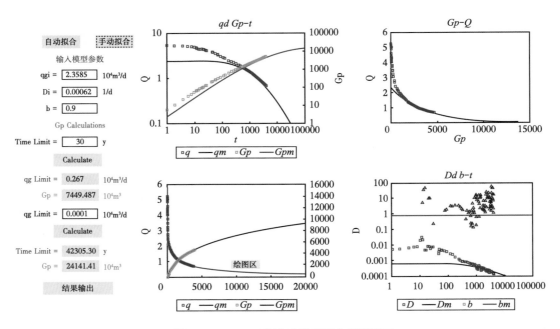

图 7-12   Arps 双曲递减模型拟合程序界面

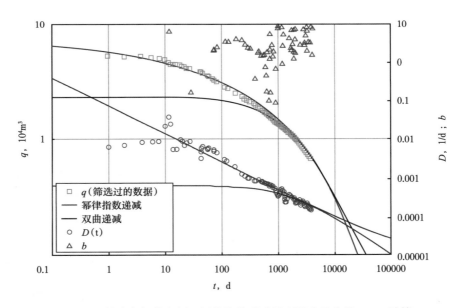

图 7-13   某致密气井实例：幂律指数递减模型拟合及参数 D，b 计算

由计算实例可以看出，幂律指数递减模型可以很好地拟合到整个生产历史，包括非稳态流、过渡流和边界控制流。并且该模型可用产量函数直接验证和校准。这说明对于致密气藏，使用幂率指数递减模型进行产量预测的结果是可信的。但需说明的是，这种幂律指数递减率关系式是基于致密气藏实例数据而推导出的经验性关系式。

表 7-2 某致密气井不同模型计算结果对比

模型	q_i, $10^4 m^3$	n	D_i, $1/d$	D_∞, $1/d$	b	$G_{p, max}$, $10^4 m^3$
幂律指数递减模型	8.6555	0.237	0.36099	0.00001	N/A	16731.00
双曲递减模型	2.3585	N/A	0.00062	N/A	0.9	24141.41
产量—累计产量截距模型	N/A	N/A	N/A	N/A	N/A	8496.15

注：N/A 表示数据无效或数据不可得。

7.7 生产数据诊断和分析综合方法及流程

本节设计了一个生产数据诊断和分析的工作流程，通过综合应用各种诊断和分析方法来完成生产数据分析和气藏评价，主要是为了解决在估算气藏或气井参数（裂缝半长、渗透率、动态储量等）中的不确定性问题，这一点对于致密气藏的生产和开发尤为重要。

7.7.1 诊断和分析方法

在这一工作流程中，首要任务是确定所用的生产数据是相关的，即流量函数变化的同时压力也随之变化，反之亦然。为此，本节探索应用压力—流量关系曲线图、物质平衡函数等手段来完成生产数据的相关性检验。对于致密气藏，生产数据诊断极为重要。一旦确定数据的相关性，就可以进行分析。下面列出一些评价数据可靠性及分析可行性的曲线图：

（1）历史生产曲线图，流量和压力数据随时间变化图；

（2）诊断曲线图，压力—流量曲线图；

（3）物质平衡曲线图，时间、压力、流量及储层体积等相关曲线图；

（4）流量—累计产量经验关系式直角坐标曲线图；

（5）流量—累计产量半解析关系式直角坐标曲线图；

（6）Arps 双曲递减曲线图；

（7）物质平衡式（$q/\Delta p$-t_{mb}）双对数图；

（8）渗流模型拟合图；

（9）历史拟合图，渗流模型评价图。

最终，通过这些曲线图可以清楚地认识生产数据的表现特征及确定一个明确的渗流模型来做气藏或气井参数及动态储量的估算。这一过程比起单一的用某一种方法来做更加可靠，因为综合地对比应用各种方法进行诊断和分析可以避免许多的不确定性，提高分析的可靠性。

7.7.2 生产数据分析解释工作流程

生产数据诊断、分析及动态储量估算工作流程如下。

第 1 步：数据检查。查看"历史生产曲线图"，诊断数据质量及相关性。

第 2 步：数据相关性检查 [p_{wf}(p_{tf})-q 曲线图]。粗略对比，仅诊断明显的一般性趋势。

第 3 步：剔除错误和重新编辑生产数据。通过诊断在双对数图上删除虚假数据。

第 4 步：诊断确定渗流期。识别特定的渗流期（标准化产量，Blasingame 曲线图）。

第 5 步：生产数据与气藏模型拟合对比。使用"典型曲线"将生产数据与特定气藏模型拟合对比。

第 6 步：重新定义储层渗流模型参数。应用典型曲线、模拟模型或回归方法拟合改进模型参数（K，S，x_f，F_{cD} 等）。

第 7 步：估算泄流体积、井控储量。采用流动物质平衡方法（如果适用）。

第 8 步：估算动态储量。使用流量—时间关系（幂律指数递减关系）外推估算动态储量，并给定废弃时间或废弃产量从而估算最终可采储量（EUR）。

第 9 步：历史拟合。最终评估储层渗流模型对井的生产动态（井底流压和产量）的"历史拟合"。各种方法得到的动态储量结果应该是一致的。

7.8 致密气藏生产数据诊断和分析实例

本节将通过一个致密气藏生产井的实例来演示整个生产数据诊断和分析的方法和过程。该实例的数据取自国内某致密气藏一口生产井的生产数据，包括日产气量、日测井口油套压、初始地层压力、测井数据、完井、射孔数据及气质分析数据（组分，相对密度等）等。

目前获取到该气井从 2007 年 10 月份投产到 2011 年 5 月为止总共 3.5 年左右的生产资料。图 7-14 是该气井的生产历史曲线，左纵坐标轴为产气量，右纵坐标轴为经过井口压力换算得到的井底流压。可以看到，除早期数据较为散乱，整个生产历史中井底流压和产气量的变化相对应，趋势明显，数据连贯，一致性较好。从图 7-14 中可以很明显看到一些异常值，这些异常值将在后面的数据整理过程中被剔除。

图 7-15 是井底流压与产气量的相关性诊断曲线，从图 7-15 中可以看到，井底流压与产气量的数据相关性较好，可以很方便地把一些离散的及错误的数据过滤掉，过滤后的曲线如图 7-16 所示。

图 7-17 是生产数据诊断分析曲线，图中包括标准化产量曲线、标准化产量积分平均曲线、标准化产量积分平均导数曲线及标准化产量积分平均 β 函数曲线。绘制该曲线图的过程中，再一次对数据列进行了优化过滤，剔除杂乱的错误的干扰曲线趋势的数据，使曲线趋势更加明显。从图 7-17 中可以看到，这四条曲线都有明显趋势特征，根据该井的完井及措施历史、标准化产量积分平均导数曲线形态特征及 β 函数特征，可以得出该井的生产特征符合圆形封闭边界有限导流垂直裂缝井模型（β 函数早期值稳定在 0.25），后期表现出边界控制流（拟稳态）特征。图 7-18 为模型的拟合效果图，可以看到实际生产数据与模型拟合得很好，通过拟合参数有量纲化计算可以得到储层渗透率、裂缝半长、裂缝导流能力、泄流面积及动态储量，见表 7-3。

已知准确的初始地层压力及可靠的井底流压数据（井口压力换算），计算 p/Z 曲线得到流动物质平衡曲线及 Agarwal—Gardner 流动物质平衡曲线，直线回归计算可得到井控动态储量，如图 7-19 所示。图 7-16 和图 7-17 是幂律指数递减模型的产量—时间数据拟合图，图 7-20 为产量—累计产量—时间双对数图，图 7-21 为产量—累计产量关系图。根据拟合得到的幂律指数递减模型参数计算得到动态储量。几种方法计算得到的动态储量结果一致性很好，都在 $0.213 \times 10^8 m^3$ 左右。图 7-22 和图 7-23 是有限导流垂直裂缝井模型设置为上述分析得到的储层参数后的历史拟合结果，模型计算结果与实际的产气量和压力数据都拟合得较好。

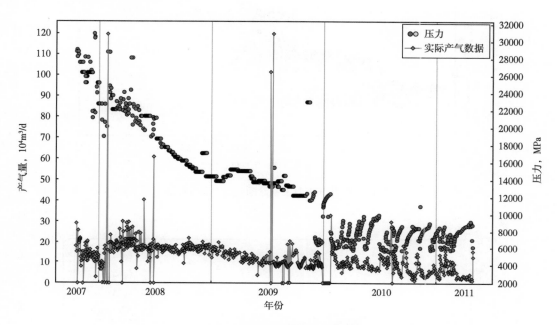

图 7-14　生产历史曲线（致密气藏实例）

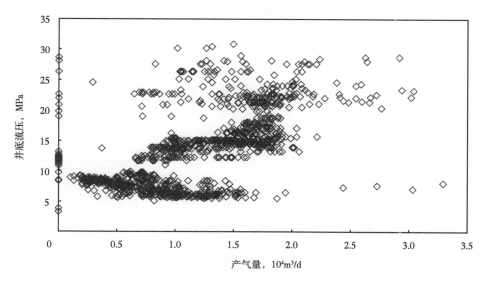

图 7-15　产量—压力关系诊断曲线（原始数据）

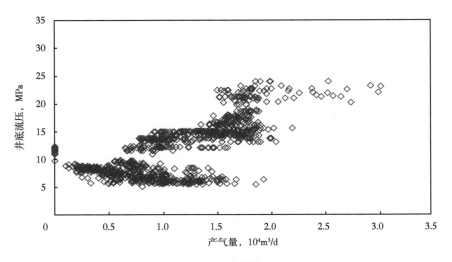

图 7-16　产量—压力关系诊断曲线（部分过滤）

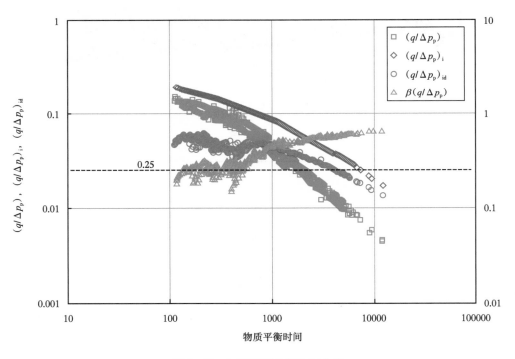

图 7-17　生产数据诊断分析曲线

表 7-3　有限导流垂直裂缝井模型拟合结果

动态储量，$10^8 m^3$	渗透率，mD	裂缝半长，m	裂缝导流能力	泄流面积，km^2
0.2136	0.0775	45.232	200	0.1607

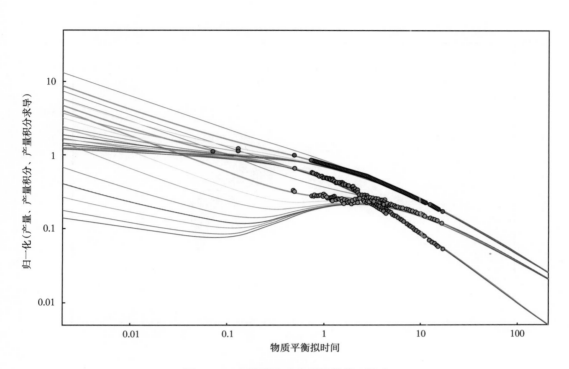

图 7-18　有限导流垂直裂缝井模型拟合

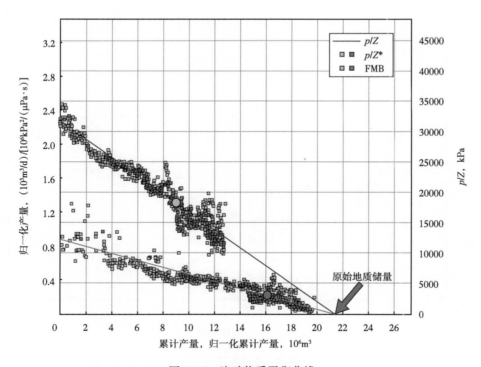

图 7-19　流动物质平衡曲线

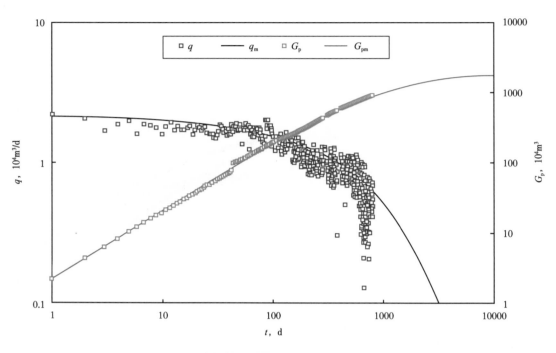

图 7-20　幂律指数递减模型拟合双对数图（q—G_p—t）

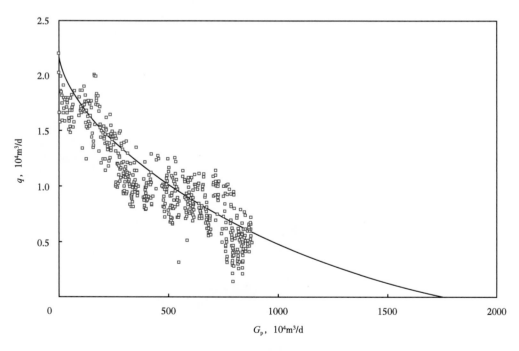

图 7-21　幂律指数递减模型拟合（q—G_p）

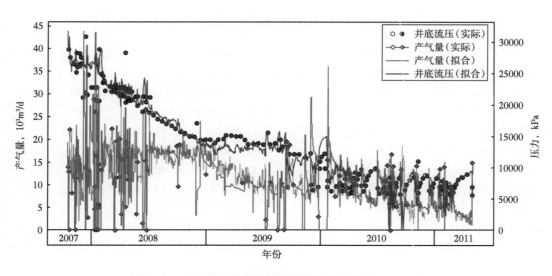

图 7-22 有限导流垂直裂缝井模型历史拟合（q—p_{wf}—t）

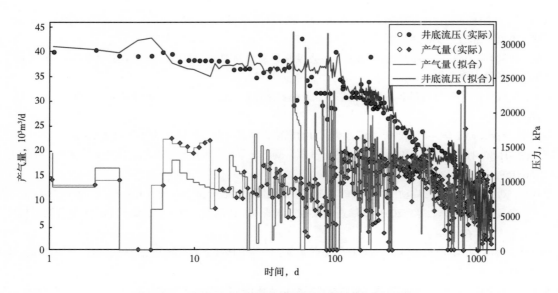

图 7-23 有限导流垂直裂缝井模型历史拟合（半对数）

7.9 本章小结

本章总结了生产数据诊断和分析中的常见问题和挑战，并提出了一个综合的诊断分析方法及分析流程来分析致密气藏生产数据，包括基于模型的分析方法，并以产量递减经验方法和流动物质平衡方法作为补充分析致密气藏生产数据，计算动态储量。对各种方法做了简单的介绍，并推导出适用于致密气藏的幂律指数递减经验方程。最后给出致密气藏气井生产数据分析实例。

参考文献

Joel D.Wells. 致密含气砂岩的渗透率. 孔隙结构和粘土（SPE/DOE9871）// 低渗透油气田开发文集（上册：油藏描述）[M]. 肖剑译, 1986. 北京：石油工业出版社.

Wei K K, Morrow N R, Borwer K R, 流体、封闭压力和温度对低渗透砂岩绝对渗透率的影响（SPEI3093）// 低渗透油气田开发文集（上册：油藏描述）[M]. 何维庄译, 1986. 北京：石油工业出版社.

邓英尔, 谢和平, 黄润秋, 等, 2006. 低渗透孔隙－裂隙介质气体非线性渗流运动方程[J]. 四川大学学报（工程科学版）（4）：1-4.

冯文光, 1986. 天然气非达西低速不稳定渗流[J]. 天然气工业, 6（3）：41-48.

冯文光, 葛家理, 1985. 单一介质、双重介质非定常非达西低速渗流问题[J]. 石油勘探与开发, 12（1）：56-62.

冯曦, 钟孚勋, 1997. 低速非达西渗流试井模型的一种新的求解方法[J]. 油气井测试, 6（3）：16-21.

任晓娟, 闫庆来, 何秋轩, 等, 1997. 低渗透气层气体的渗流特征实验研究[J]. 西安石油学院学报, 12（3）：22-25.

向开理, 李允, 李铁军, 2001. 分形油藏低速非达西渗流问题的组合数学模型[J]. 西南石油学院学报, 23（4）：9-12.

刘慈群, 1982. 有起始比降固结问题的近似解[J]. 岩土工程学报（3）：30-34.

衣军, 2010. 二区复合油藏垂直裂缝井压力动态分析[D]. 北京：中国地质大学（北京）.

阮敏, 何秋轩, 1999. 低渗透非达西渗流临界点及临界参数判别法[J]. 西安石油学院学报（自然科学版）（3）：16-17.

阮敏, 何秋轩, 1999. 低渗透非达西渗流临界点及临界阐述判别法[J]. 西安石油学院学报, 14（3）：9-10, 58.

孙黎娟, 吴凡, 赵卫华, 等, 1998. 油藏启动压力的规律研究与应用[J]. 断块油气田（5）：30-33.

李士伦, 孙雷, 杜建芬, 等, 2004. 低渗透致密气藏、凝析气藏开发难点与对策[J]. 新疆石油地质, 25（2）：156-159.

李凡华, 刘慈群, 1997. 含启动压力梯度的不定常渗流的压力动态分析[J]. 油气井测试, 6（1）：1-4.

李宁, 唐显贵, 张清秀, 等, 2003. 低渗透气藏中气体低速非达西渗流特征实验研究[J]. 天然气勘探与开发, 26（2）：49-55.

李忠兴, 韩洪宝, 程林松, 等, 2004. 特低渗透油藏启动压力梯度新的求解方法及应用[J]. 石油勘探与开发, 31（3）：107-110.

李铁军, 吴小庆, 1999. 一个低渗透气藏数学模型数值求解法[J]. 西南石油学院学报, 21（1）：25-28.

杨仁峰, 姜瑞忠, 刘世华, 等, 2011. 特低渗透油藏非线性渗流数值模拟这[J]. 石油学报, 32（2）：299-306.

杨正明, 于荣泽, 苏志新, 等, 2010. 特低渗透油藏非线性渗流数值模拟[J]. 石油勘探与开发, 37（1）：94-98.

杨建, 康毅力, 李前贵, 等, 2008. 致密砂岩气藏微观结构及渗流特征[J]. 力学进展, 38（2）：229-236.

杨琼, 2004. 低渗透砂岩渗流特性试验研究[D]. 清华大学.

吴小庆, 1999. 研究低渗透气藏滑脱效应的非线性偏微分方程反问题[J]. 重庆邮电学院学报, 11（4）：34-39, 49.

吴凡, 孙黎娟, 乔国安, 等, 2001. 气体渗流特征及启动压力规律研究[J]. 天然气工业, 21（1）：82-84.

吴景春，袁满，张继成，等，1999.大庆东部低渗透油藏单相流体低速非达西渗流特征 [J].大庆石油学院学报（2）：82-84.

汪亚蓉，刘子雄，2009.利用启动压力梯度计算低渗透油藏极限注采井距 [J].石油地质与工程，23（2）：103-104.

张浩，康毅力，陈一键，等，2004.致密砂岩油气储层岩石变形理论与应力敏感性 [J].天然气地球科学，15（5）：482-486.

陈永敏，周娟，刘文香，等，2000.低速非达西渗流现象的实验论证 [J].重庆大学学报（自然科学版），23（S）：59-61.

罗诗薇，2007.致密砂岩气藏 [J].国外油田工程，23（2）：31-36.

赵明跃，王新海，雷霆，等，2001.储层参数压力敏感性研究 [J].油气井测试（4）：3-4.

郝斐，程林松，李春兰，等，2006.考虑启动压力梯度的低渗透油藏不稳定渗流模型 [J].石油钻采工艺，28（5）：58-60.

姜瑞忠，杨仁峰，马勇新，等，2011.低渗透油藏非线性渗流理论及数值模拟方法 [J].水动力学研究与进展，26（4）：444-452.

贾永禄，谭雷军，冯曦，等，2000.低速非达西渗流中气井、油井试井分析方程的统一 [J].天然气工业，20（3）：70-72.

唐伏平，唐海，余贝贝，等，2007.存在启动压力梯度时的合理注采井距确定 [J].西南石油大学学报（4）：89-91.

黄爽英，陈祖华，刘京军，等，2001.引入启动压力梯度计算低渗透砂岩油藏注水见效时间 [J].河南石油（5）：22-24.

葛家理，1982.油气层渗流力学 [M].北京：石油工业出版社.

程时清，张盛宗，黄延章，等，2002.低速非达西渗流流动边界问题的积分解 [J].力学与实践，24（3）：15-17.

雷群，万玉金，李熙喆，等，2011.美国致密砂岩气藏开发与启示 [J].天然气工业，30（1）：45-48.

熊伟，刘华勋，高树生，等，2009.低渗透储层特征研究 [J].西南石油大学学报（自然科学版），31（5）：89-92.

Agarwal R G, Gardner D C, Kleinsteiber S W, et al., 1998. Analyzing Well Production Data Using Combined Type Curve and Decline Curve Concepts[J]. SPE 57916.

Agarwal R G, Gardner D C, Kleinsteiber S W, et al., 1999. Analyzing Well Production Data Using Combined-Type-Curve and Decline-Curve Analysis Concepts[J]. SPEREE, 2(5): 478-486.

Amini S, Ilk D, Blasingame T A, 2007. Evaluation of the Elliptical Flow Period for Hydraulically-Fractured Wells in Tight Gas Sands—Theoretical Aspects and Practical Considerations[J]. SPE106308.

Amini S, Valkó P P, 2010. Using Distributed Volumetric Sources to Predict Production from Multiple-Fractured Horizontal Wells Under Non-Darcy-Flow Conditions[J]. SPEJ, 15（1）: 105-115.

Ansah J, Knowles R S, Blasingame T A A, 2000. Semi-Analytic (p/z) Rate-Time Relation for the Analysis and Prediction of Gas Well Performance[J]. SPEREE, 3(6): 525-533.

Arps J J, 1945. Analysis of Decline Curves. Trans[J]. AIME, 160: 228-247.

Arps J J, 1945. Analysis of Decline Curves[J]. Trans., AIME, 160, 228-247.

Bello R O, Wattenbarger R A, 2010. Multi-stage Hydraulically Fractured Shale Gas Rate Transient Analysis[J]. SPE 126754.

Blasingame T A, Poe Jr B D, 1993. Semianalytic Solutions for a Well With a Single Finite-Conductivity Vertical Fracture [C]. SPE2642.

Blasingame T A, Rushing J A A, 2005. Production-Based Method for Direct Estimation of Gas-in-Place and Reserves[J]. SPE 98042.

Blaslngame T A, McGray T J, Lee W J, 1991. Decline Curve Analysis for Variable Pressure Drop/Variable Flow rate Systems[J]. SPE 21513.

Brown M, Ozkan E, Raghavan R, et al., 2009. Practical Solutions for Pressure Transient Responses of Fractured Horizontal Wells in Unconventional Reservoirs[J]. SPE 125043.

Camacho R G, Raghavan R, 1989. Boundary-Dominated Flow in Solution Gas-Drive Reservoirs[J]. SPERE, 4 (4): 503-512.

Camacho R G, Vasquez-Cruz M, Castrejon-Aivar R, et al., 2005. Pressure-Transient and Decline-Curve Behaviors in Naturally Fractured Vuggy Carbonate Reservoirs[J]. SPEREE, 8 (2): 95-110.

Carter R D, 1985. Type Curves for Finite Radial and Linear Gas-Flow Systems: Constant-Terminal-Pressure Case[J]. SPEJ, 25(5): 719-728.

Chen C C, Raghavan R, 1997. A Multiply-Fractured Horizontal Well in a Rectangular Drainage Region[J]. SPEJ, 2 (4): 455-465.

Chu W C, Shank G D, 1993. A new model for a fractured well in a radial, composite reservoir[J]. SPE20579.

Cipolla C L, Lolon, Mayerhofer M J, 2009. Resolving Created, Propped, and Effective Hydraulic-Fracture Length[J]. SPEPO, 24(4): 619-628.

Cutler W W, 1924. Estimation of Underground Oil Reserves by Oil-Well Production Curves[M]. Bull. U.S. Bureau of Mines. 228.

Doublet L E, Pande P K, McCollum T J, et al., 1994. Decline Curve Analysis Using Type Curves--Analysis of Oil Well Production Data Using Material Balance Time Application to Field Cases[J]. SPE 28688.

Doublet L E, Pande P K, McCollum T J, et al., 1994. Decline Curve Analysis Using Type Curves—Analysis of Oil Well Production Data Using Material Balance Time: Application to Field Cases[J]. SPE 28688.

Economides M J, Oligney R E, 2002. Applying unified fracture design to natural gas wells[J]. World Oil, (10): 223.

Edwardson M J, Girner H M, Parkison H R, et al., 1962. Calculation of Formation Temperature Disturbances Caused by Mud Circulation [J]. Journal of Petroleum Technology, 14 (4): 416-426.

El-Banbi A H, Wattenbarger R A, 1998. Analysis of Linear Flow in Gas Flow Production[C]. Paper SPE 39972 presented at the SPE Gas Technology Symposium, Calgary, AB, Canada, 15-18.

Elbel J L, 1986. Designing Hydraulic Fracture for Efficient Reserve Recovery[J]. SPE 15231.

Ertekin T, King G R, Schwerer F C, 1986. Dynamic gas slippage: A Unique Dual Mechanism Approach to the Flow of Gas in Tight Formation[J]. SPE Formation Evaluation (2): 43-52.

Fetkovich M J, Vienot M E, Bradley M D, et al., 1987. Decline Curve Analysis Using Type Curves — Case Histories.[J] SPEFE, 2(4): 637-656.

Fetkovich M J, 1980. Decline Curve Analysis Using Type Curves[J]. JPT, 32(6): 1065-1077.

Fetkovich M J, 1973. Decline Curve Analysis Using Type Curves[J]. SPE 4629.

Fetkovich M J, 1987. Decline Curve Analysis Using Type Curves—Case Studies[J]. SPEFE 637-656.

Fraim M L, Wattenbarger R A, 1987. Gas Reservoir Decline-Curve Analysis Using Type Curves with Real Gas Pseudopressure and Normalized Time[J]. SPEREE, 2 (4): 671-682.

Gringarten A C, 1974. Unsteady-State Pressure Distributions Created by a Well With a Single Horizontal Fracture, Partial Penetration, or Restricted Entry[J]. Society of Petroleum Engineers Journal, 14 (4): 347-360.

Gringarten A C, 1978. Unsteady-State Pressure Distributions Created by a Well with a Single Infinite-conductivity Vertical Fracture[J]. SPEJ 347-360.

Guo G, Evans R D, 1993. Pressure-Transient Behavior and Inflow Performance of Horizontal Wells Intersecting Discrete Fractures[J]. Paper SPE 26446.

Horne R N, Temeng K O, 1995. Relative Productivities and Pressure Transient Modeling of Horizontal Wells with Multiple Fractures[J]. SPE 29891.

Hosseinpour-Zoonozi N, Ilk D, Blasingame T A, 2006. The Pressure Derivative Revisited —Improved Formulations and Applications[J]. SPE 103204.

Ilk D, Hosseinpour-Zonoozi N, Amini S, et al., 2007b. Application of the β-Integral Derivative Function to Production Analysis[J]. SPE 107967.

Ilk D, Rushing J A, Blasingame T A, 2009. Decline Curve Analysis for HP/HT Gas Wells: Theory and Applications[J]. SPE 125031.

Ilk D, Rushing J A, Sullivan R S, et al., 2007a. Evaluating the Impact of Waterfrac Technologies on Gas Recovery Efficiency: Case Studies Using Elliptical Flow Production Data Analysis[J]. SPE 110187.

Johnson N L, Currie S M, Ilk D, et al., 2009. A Simple Methodology for Direct Estimation of Gas-in-Place and Reserves Using Rate-Time Data[J]. SPE 123298.

Johnson R H, Bollens A L, 1927. The Loss Ratio Method of Extrapolating Oil Well Decline Curves. Trans[J]. AIME, 77: 771.

Kabir C S Izgec B, 2006. Diagnosis of Reservoir Behavior from Measured Pressure/Rate Data[J]. SPE 100384.

Klinkenberg L J, 1941. The Permeability of Porous Media to Liquid and Cases[J].API Drilling and Production Practice, 200-213.

Knowles S, 1999. Development and Verification of New Semi-Analytical Methods for the Analysis and Prediction of Gas Well Performance[D]. MS thesis, Texas A&M U., College Station, Texas.

Larsen L, Hegre T M, 1994. Pressure Transient Analysis of Multifractured Horizontal Wells[J]. Paper SPE 28389.

Lee J, Wattenbarger R A, 1996. Gas Reservoir Engineering[M]. Society of Petroleum Engineers, Inc., Richardson, TX, USA.

Lee S, Brockenbrough J R, 1986. A New Approximate Analytic Solution for Finite-Conductivity Vertical Fractures[J]. SPEFE, 1 (1): 75-88.

Lewis J O, Beal C H, 1918. Some New Methods for Estimating the Future Production of Oil Wells. Trans[J]. AIME, 59: 492-525.

Li K, Yangtze U, Horne R N, 2005. An Analytical Model for Production Decline Curve Analysis in Naturally-Fractured Reservoirs[J]. SPEREE, 8(3): 197-204.

Marhaendrajana T, Blasingame T A, 2001. Decline Curve Analysis Using Type Curves—Evaluation of Well Performance Behavior in a Multiwell Reservoir System[J]. Paper SPE 71514.

Mattar L, McNeil R, 1998. The "Flowing" Gas Material Balance[J]. JCPT, 37(2): 52-55.

Medeiros F, Ozkan E, Kazemi H, 2006. A Semi-Analytical, Pressure Transient Model for Horizontal and Multilateral Wells in Composite, Layered, and Compartmentalized Reservoirs[J]. SPE 102834.

Meunier D F, Kabir G C, Wittmann M J, 1987. Gas Well Test Analysis: Use of Normalized Pseudovariables[J]. SPE 13082.

Meunier D F, Kabir G C, Wittmann M J, 1987. Gas Well Test Analysis: Use of Normalized Pseudovariables[J]. SPE13082.

Meyer B R, Bazan L W, Jacot R H, et al., 2010. Optimization of Multiple Transverse Hydraulic Fractures in Horizontal Wellbores[J]. SPE 131732.

Muskat M, 1934. The Flow of Compressibility Fluids through Porous Media and Some Problems in Heat Conduction[J]. Physics 5 71-94.

Ozkan E, Brown M, Raghavan R, et al., 2009. Comparison of Fractured Horizontal-Well Performance in Conventional and Unconventional Reservoirs[J]. Paper SPE 121290.

Palacio J C, Blasingame T A, 1993. Decline-Curve Analysis Using Type Curves: Analysis of Gas Well Production Data[J]. SPE 25909.

Palacio J C, Blasingame T A, 1993. Declline-Curve Analysis using Type Curves-Analysis of Gas Well Production Data[J]. SPE25909.

Pascal H, 1981. Nonsteady Flow Through Porous Media in the Presence of a Threshold Gradient[J]. Acta Mechanica, 39: 207-224.

Pratikno H, Rushing J A, Blasingame T A, 2003. Decline Curve Analysis Using Type Curves: Fractured Wells[J]. SPE 84287.

Raghavan R S, Chen C C, Agarwal B, 1994. An Analysis of Horizontal Wells Intercepted by Multiple Fractures[J]. SPEJ, 2 (3): 235-245.

Ramsay H J Jr, 1968. The Ability of Rate-Time Decline Curves to Predict Future Production Rats[D]. MS thesis, U. of Tulsa, Tulsa.

Rawlins E L, Schellhardt M A, 1936. Backpressure Data on Natural Gas Wells and Their Application to Production Practices[C]. Monograph 7, U.S. Bureau of Mines, Washington, DC.

Riley M F, Brigham W E, Horne R N, 1991. Analytical Solutions for Elliptical Finite-Conductivity Fractures[J]. SPE 22656.

Roberts C N, 1981. Fracture Optimization in a Tight Gas Play: Muddy "J" Formation, Wattenberg Field, Colorado[J]. SPE/DOE 9851.

Russell D G, Goodrich J H, Perry G E, et al., 1966. Methods of Predicting Gas Well Performance[J]. SPE 1242.

Soliman M Y, Hunt J L, El-Rabaa W, 1990. Fracturing Aspects of Horizontal Wells[J]. JPT, 42 (8): 966-973.

Stephen A H, 2006.Tight gas sands[J]. SPE (1): 86-93.

Swanson B F, 1981. A simple correlation between permeabilities and mercury capillary pressures[J]. JPT, 2498-2504.

Thomeer J H M, 1960. Introduction of a pore geometrical factor defined by the capillary pressure curve[J]. JPT, 73-77.

Thompson J K, 1981. Use of Constant Pressure, Finite Capacity Type Curves for Performance Prediction of Fractured Wells in Low Permeability Reservoirs[J]. SPE/DOE 9839.

Turgay E, Gregory R K, Fred C S, 1986. Dynamic Gas slippage: A Unique Dual Mechanism Approach to the Flow of Gas in Tight Formations[J]. SPE 12045.

Van Kruysdijk C P J W, Dullaert G M, 1989. A Boundary Element Solution of the Transient Pressure Response of Multiply Fractured Horizontal Wells[C].The 2nd European Conference on the Mathematics of Oil Recovery, Cambridge, England.

Wattenbarger R A, El-Banbi A H, Villegas M E, et al., 1998. Production Analysis of Linear Flow into Fractured Tight Gas Wells[J]. SPE 39931.

Wells J D, Amaefule J O, 1985. Capillary pressure and permeability relationships in tight gas sands[J]. SPE 13879.

Wpinskin N R, Teufel L W, 1990. Determination of the Effective—Stress Law for Permeability and Deformation in Low Permeability Rocks[J]. SPE 20572.